素颜也能变得更加美丽！

胜山氏小脸美肌法

（日）主妇与生活社 编著
赵 焜 译

1次10秒！边看DVD边矫正变形，塑造素颜美女！

头部全面调整的“基本体操”
眼部、面颊、嘴部、颈部……消除皮肤松弛及皱纹的“告别烦恼体操”
简单方便，随时随地，轻松进行！矫正骨骼，塑造小脸美女！

辽宁科学技术出版社
·沈阳·

胜山氏小脸美肌法 DVD教程

目录 Contents

本书的使用方法

首先，看一看本书中的标题，这里分别介绍了女性的各种烦恼。照镜子的时候，你最担心自己脸上的哪一部分呢？从你最关注的地方下手，开始“塑脸体操”吧！

标题

可以运用标题寻找你的烦恼之所在。从此处下手，开始进行塑脸体操吧！

拇指球

运用手部拇指球进行塑脸体操时，就会出现这样的图标（关于拇指球的详细介绍请参照第 16 页）。

在此处进行运动

进行运动时作用的骨骼及肌肉。这里详细说明了其位置所在。

DVD 课程

各部位的活动方法及手的位置不清楚时，请观看 DVD 进行确认。观看此体操的影像时，请选择相对应的课程序号。

部位・名称

可以在这里检索烦恼的部位及名称。

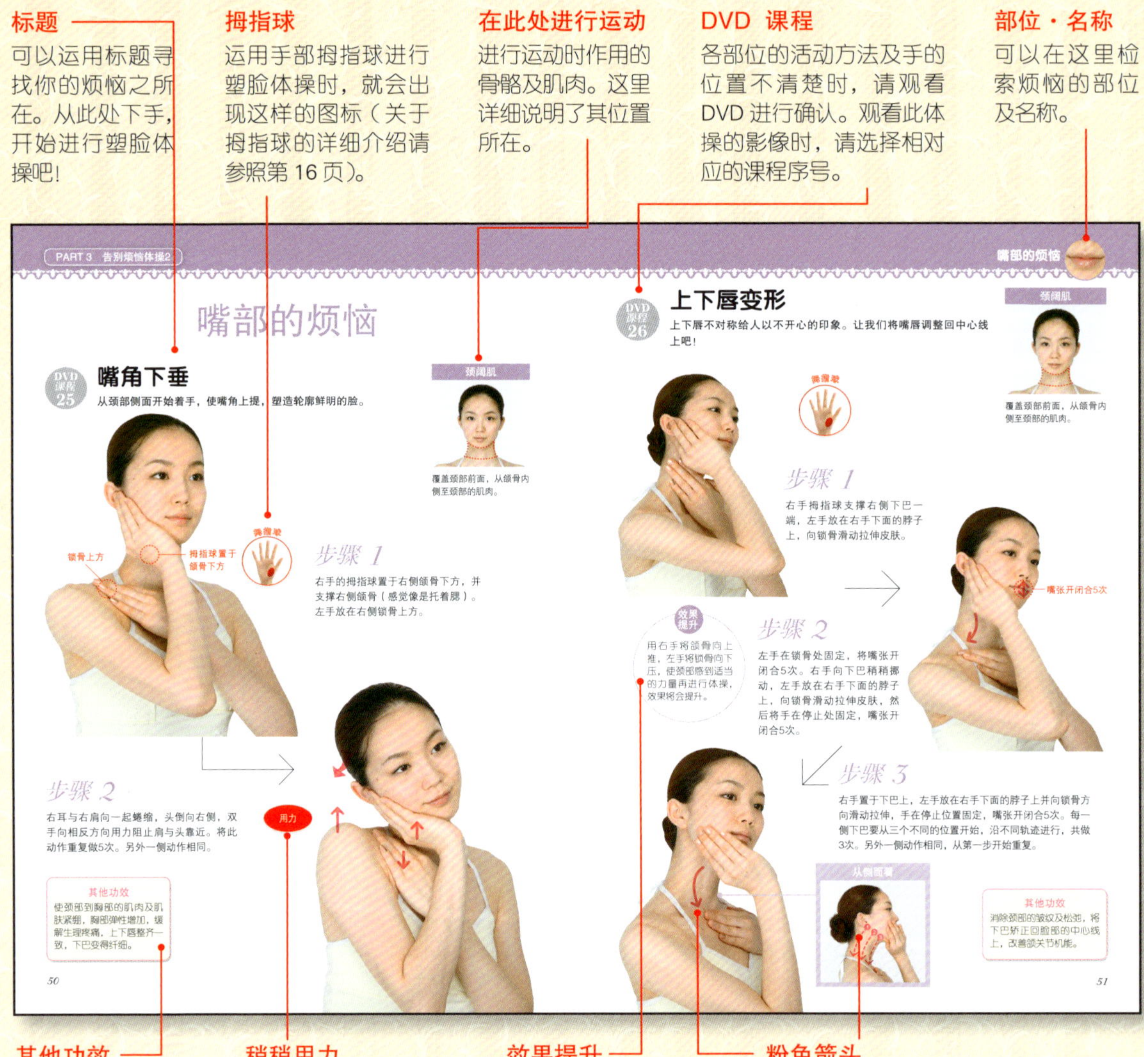
PART 3　告别烦恼体操2

嘴部的烦恼

嘴部的烦恼

DVD 课程 25

嘴角下垂

从颈部侧面开始着手，使嘴角上提，塑造轮廓鲜明的脸。

颈阔肌

覆盖颈部前面，从颌骨内侧至颈部的肌肉。

锁骨上方

拇指球置于颌骨下方

步骤 1

右手的拇指球置于右侧颌骨下方，并支撑右侧颌骨（感觉像是托着腮）。左手放在右侧锁骨上方。

用力

步骤 2

右耳与右肩向一起蜷缩，头倒向右侧，双手向相反方向用力阻止肩与头靠近。将此动作重复做5次。另外一侧动作相同。

其他功效

使颈部到胸部的肌肉及肌肤紧绷，胸部弹性增加，缓解生理疼痛，上下唇整齐一致，下巴变得纤细。

50

DVD 课程 26

上下唇变形

上下唇不对称给人以不开心的印象。让我们将嘴唇调整回中心线上吧！

颈阔肌

覆盖颈部前面，从颌骨内侧至颈部的肌肉。

步骤 1

右手拇指球支撑右侧下巴一端，左手放在右手下面的脖子上，向锁骨滑动拉伸皮肤。

嘴张开闭合5次

效果提升

用右手将颌骨向上推，左手将锁骨向下压，使颈部感到适当的力量再进行体操，效果将会提升。

步骤 2

左手在锁骨处固定，将嘴张开闭合5次。右手向下巴稍稍挪动，左手放在右手下面的脖子上，向锁骨滑动拉伸皮肤，然后将手在停止处固定，嘴张开闭合5次。

步骤 3

右手置于下巴上，左手放在右手下面的脖子上并向锁骨方向滑动拉伸，手在停止位置固定，嘴张开闭合5次。每一侧下巴要从三个不同的位置开始，沿不同轨迹进行，共做3次。另外一侧动作相同，从第一步开始重复。

从侧面看

其他功效

消除颈部的皱纹及松弛，将下巴矫正回脸部的中心线上，改善颌关节机能。

51

其他功效

虽然主要的功效在于脸部及头部周围，但也可以改善除此之外的诸多症状及烦恼。

稍稍用力

塑脸体操基本上都是用轻微的力量进行，但有些地方稍微用力会获得更好的效果，这时候就会出现此图标。

效果提升

进一步提升体操效果的要点提示。

粉色箭头

指示各部位的倾斜及运动方向。运行轨道由点划线表示，顺序则用“①”这样的序号来表示。

DVD的使用方法

DVD中介绍了本书中提到的所有体操。其中不清楚的体操运动及手的位置，请利用DVD进行确认。书中与DVD中的课程编号相统一，请根据书中的课程编号选择DVD中的体操教程。

主菜单

胜山氏小脸美肌法
DVD教程
全部播放
体操开始前的准备
PART 1　基本体操
PART 2　告别烦恼体操1
PART3　告别烦恼体操2
PART4　深层塑脸体操

想要按顺序播放全部影像时，请选择“全部播放”

体操的操作方法及注意事项在这里有详细说明。

选择菜单时请点击此粉红色条框。

所有体操都是按照章节分开表示的。请选择想观看的章节，进入此章节的副菜单。

副菜单

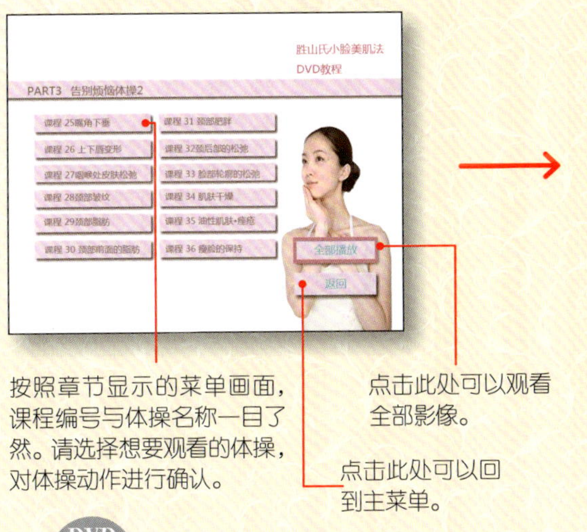

按照章节显示的菜单画面，课程编号与体操名称一目了然。请选择想要观看的体操，对体操动作进行确认。

点击此处可以观看全部影像。

点击此处可以回到主菜单。

DVD 课程 25

DVD 中的课程编号与书中的这个编号相对应。

体操的影像

体操的一系列动作全部在 DVD 中演示出来，因此可以边看 DVD 边进行体操。书中手的位置及活动方法等难以确认时，在这里可以从清晰易懂的影像中边确认边进行体操。

序言

塑脸体操造就素颜美人

从根本上消除你的烦恼，解决美容问题

你会觉得“自己的脸完美无瑕”而就此满足吗？你有没有过“如果眼睛再大点该有多好”“如果没有这些皱纹该有多好”……这样的想法呢？

我想要告诉各位的是，“你们烦恼的原因，就在你们的身体之中”，就是皮肤下面的肌肉与肌膜，乃至里面的骨骼。这些地方发生变形，从而引发容貌上的改变，当然也包括色斑、皱纹、暗沉等等肌肤问题。能够从根本上解决及预防这些“美容问题”的，就是本书中所介绍的“塑脸体操”。

每一项内容都简便、容易，因此有些人会有“仅仅如此吗”这样的疑问，但是1~2周时间之后，效果就会显现出来，不仅仅是肤质的改善，甚至头部整体都会有改变。

为了不用化妆来掩盖瑕疵，素颜也依然美丽，请将“塑脸体操”作为每日必做的一项肌肤护理。

你的脸变形了吗？

烦恼的原因是变形都藏起来了

脸部变形所带来的危害

平常在化妆的时候，你有没有注意到自己左右眉的高度不一致，左右眼的大小不一样、上下唇的中心点没有对齐等等这样的问题呢？这些都是“脸部的变形”。没有注意过“脸部变形”这一问题的朋友们，看了下面的脸部变形度检测表后，会不会让你们回想起什么呢？实际上99%的人脸部都有不同程度的变形。

“脸部变形”不仅会影响外貌，还会成为引发许多美容方面问题（美容障碍）的原因。

“脸部变形（脸部各部分的大小及位置发生改变）”后，血液循环会变差，肌肤松弛缺乏弹性，没有光泽，产生黑眼圈等一系列问题就会接踵而至。

此外，血液循环变差还会引起新陈代谢缓慢，废物容易在体内堆积，这样的后果会引发浮肿、痘痘、皱纹等问题，甚至引起色素沉着以及美容大敌——色斑的增加。这个时候你还能放任不管吗？

首先，请在镜子中仔细观察自己的脸，确认它是否变形。

变形度检测表

意想不到和从未发觉的“脸部变形”，你可以接受吗?
请看着镜子中自己的脸，参照下面的检测表进行确认。

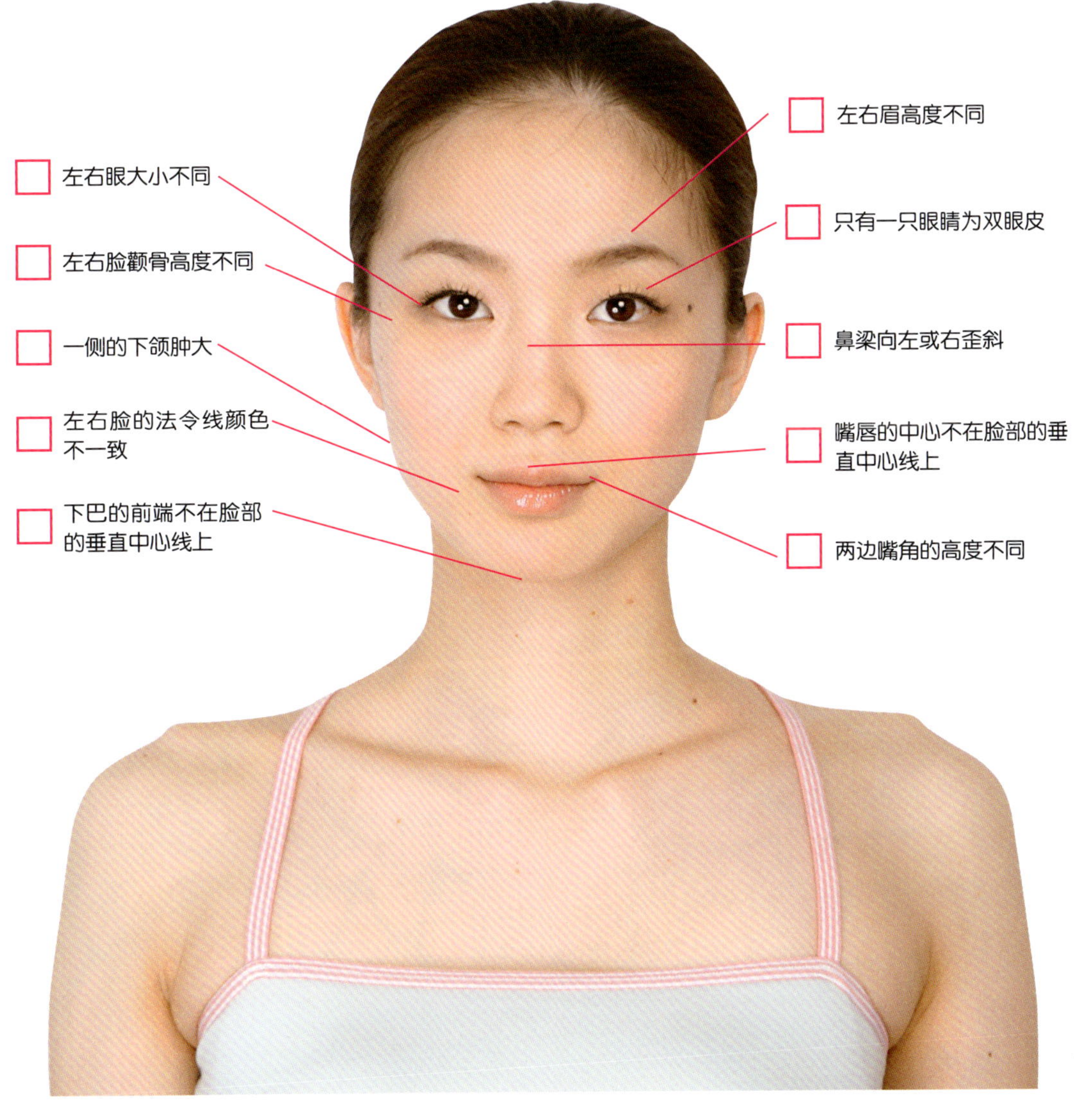

自我矫正脸部变形的 “塑脸体操”

通过试验练习感受效果

不要轻言放弃！你自己就可以改变脸部轮廓

“变形度检测”的诊断结果怎么样呢？是不是发觉自己的脸也有“变形”的迹象了呢！

只有在看镜子的时候，我们才认识到自己的脸。但是，其他人却随时都能看到你的脸，因此，没有发觉你脸部变形的只有你自己。类似于这样的事是很有可能发生的。

虽然追求“更加纤细，更加美丽”的女性越来越多，希望脸部“更小，轮廓更加鲜明”的人也越来越多。但她们基本上都已经绝望地认为“脸部轮廓，不接受整形手术的话是不可能改变的”。事实上，脸部轮廓的塑造，只需要每天一点点练习再加上平日的用心保养就完全可以做到了。那“一点点练习”，其实就是“塑脸体操”。

“塑脸体操”就是通过按摩放松颅骨及其周围肌肉，从而达到矫正骨骼变形的目的。它可以使血液、淋巴液、脑脊液的流动变得顺畅，将变形从根本上解除，进而达到美容的效果。

消除变形的所谓“美容术”在其他地方也有介绍，但大多只是追求表面的效果，并不是从根本上进行改变的方法。

“从根本上消除变形的体操是不是很难啊？”也许你会有这样的疑问，其实是非常简单的。事情并不都如同想象中那么难。让我们先开始尝试一下吧。

“塑脸体操”的试验讲座

“塑脸体操”能够有效改善脸形，且其动作简单，只要掌握要点及注意事项，任何人都可以立刻学会。它的效果，最好通过亲自体验之后切身感受。因此，我们下面介绍一个最基本的动作。

做这个动作时，连接鼻骨与额骨（参照67页）的“鼻根点”会有略微移动。鼻根点是脸部特别容易歪斜的部分。如果可以消除这种歪斜，那么周围的皮肤以及肌肉的歪斜则也可以消除。怎么样？脸部的浮肿和表情的模糊不清是不是有所改善？此外，坚持进行这项体操还可以有效减轻鼻翼两侧容易出现的“法令线”皱纹。

试验练习

用一只手抓住额头，另一只手抓住上颌骨（上颌处左右虎牙周围的皮肤表面）

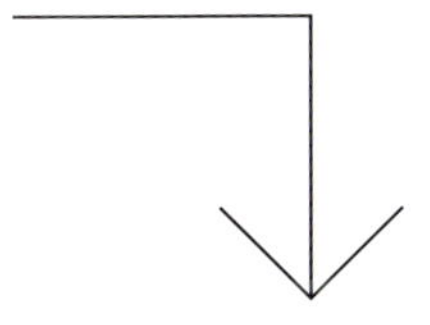

在此状态下，左右手向相反方向活动。不需配合呼吸，缓慢地将此动作连续进行10次。

PART 1

基本体操

在自己的脸上，你清楚哪些地方发生了变形吗？

马上调整脸部的整体平衡，开始进行基本体操吧！

基本体操也是“告别烦恼体操”的准备活动。

明确要点，事半功倍

抓住提高效果的窍门，让我们开始基本体操吧！

在开始“塑脸体操”之前，我们要明确提高效率的要点和注意事项。

❶ 每天早晚各进行一次体操会有显著效果。要习惯在化妆之前进行皮肤护理，最好坚持不断，持之以恒。

❷ 虽然进行体操时站姿、坐姿均可，但一定要将背部挺直。不挺胸，肩膀不用力的话会有松懈感。

❸ 配合呼吸的体操，运用腹式呼吸法或胸式呼吸法均可。吸气时抬起手臂并用力，吐气时手臂自然下垂并放松。

基本姿势

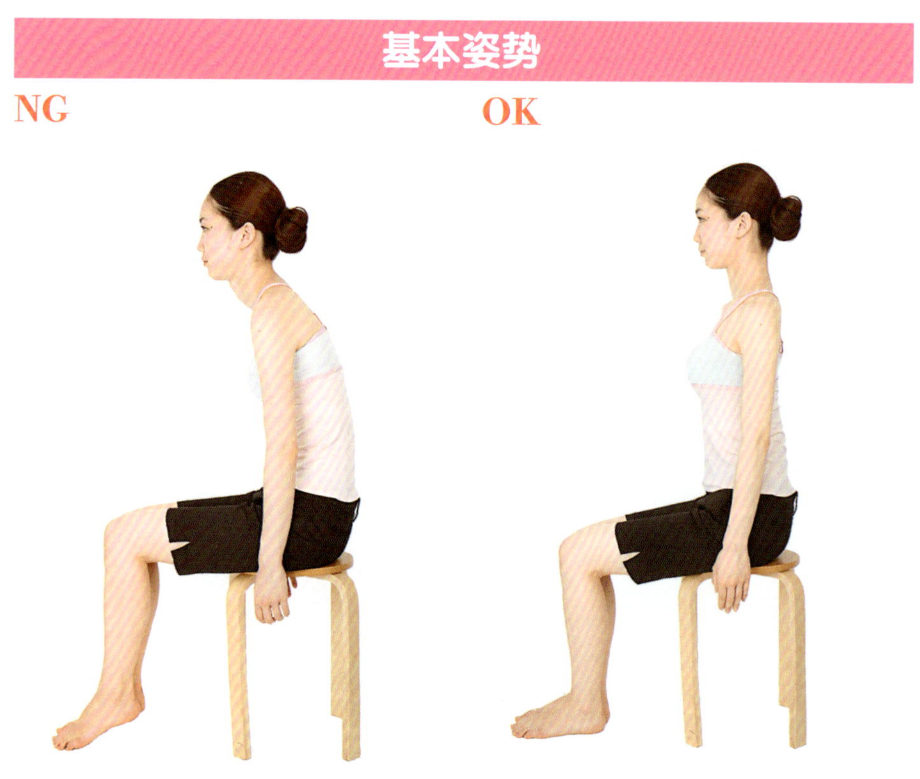

踮脚或弓背的姿势会使人松懈。

挺直身体，两肩用力后张。

❹ 手部的力量要适度，基本上以能够在脸上轻轻移动为准（5~10牛）。稍稍用力时要控制在不会引发疼痛的程度。如果用力过度可能会引发肌肉炎症，请多加注意。

用力方法

NG

用力抓骨骼及肌肉时，以不疼为宜。如果用力过度，可能会引发肌肉炎症。

OK

手在脸部移动的时候要用很轻的力量。抓、按、推的时候用力也要适度。

❺ 进行体操时，手掌大拇指根部的拇指球是经常要用到的部位，找到之后尝试一下吧。

拇指球

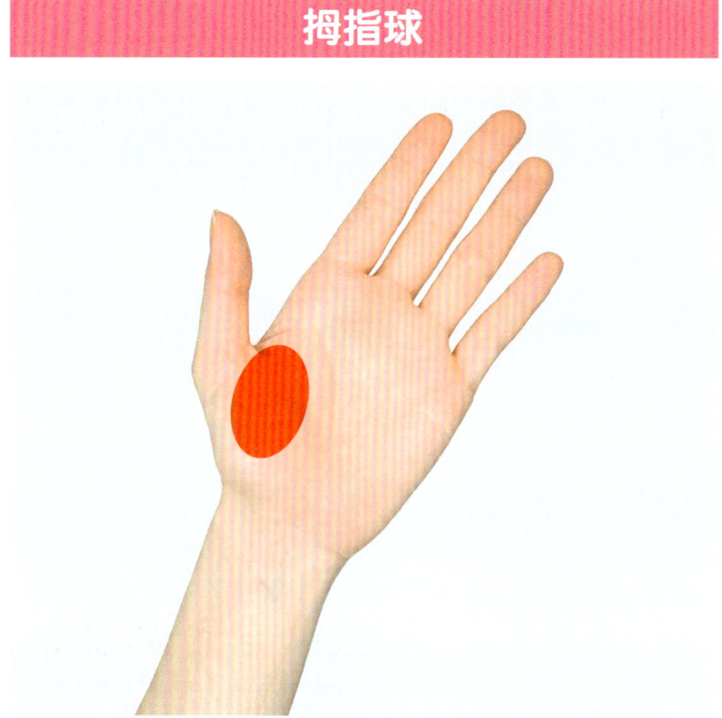

手掌内侧，大拇指根部鼓起的部位。

❻ 患有颌关节症等脸部骨骼及肌肉疾病的患者，最好先进行治疗，待症状有所改善之后再进行体操。

❼ 每天进行体操的项目为17~25页中介绍的9种“基本体操”以及2~3种“告别烦恼体操”，每次5~10分钟。将“基本体操”作为准备活动，之后再进行其他体操，效果会更为明显。此外，在无法确定时间但又想放松精神的时候，可以选择2~3种体操用2~3分钟时间进行一下自我按摩，或可按照自己的习惯进行。

❽ 女性的身体会随着生理周期发生变化，肤质也同样会随之变化。从月经结束开始到排卵日为止这段时间，“雌性激素”会增多，它能够保持肌肤湿润，使女性身材丰满。而且，在排卵期后体温上升的高温期中，“黄体酮”激素会增多，它可以使肌肤富有油性。月经结束后到排卵日为止的这段时间内，“雌性激素”增加，在这个时期进行“塑脸体操”及改善肤质的护理工作等，效果会尤为显著。

掌握以上8点之后，让我们马上开始进行基本体操吧！每天一点努力，便可找回你原本的美丽！

全面修正脸部变形的9种基本体操

现在开始正式进行体操。掌握9种基本体操的要点后让我们马上开始吧！

头后部按压体操

活动连接头部和颈部的肌肉，矫正颈部的变形。此外还具有消除头痛的效果。

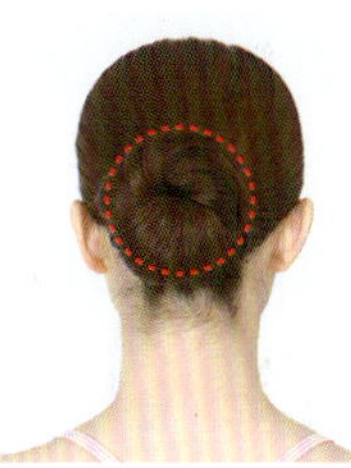

枕骨

颅骨后侧的骨骼。这项体操所要按压的是头后部最突出的枕骨部位。

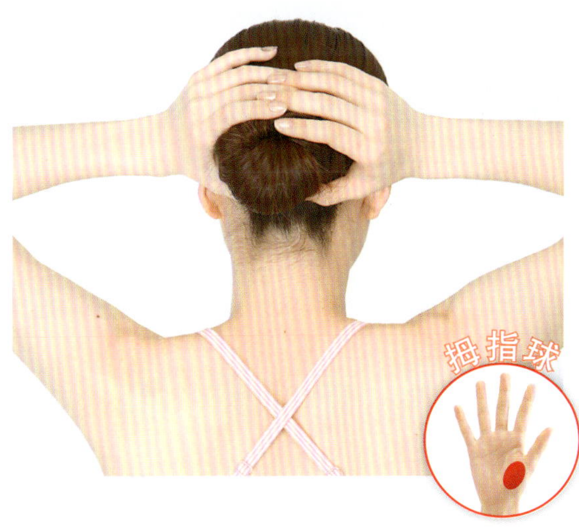

步骤 1

两手在头后交叉，将拇指球放在枕骨最为突出的部位。

步骤 2

边吸气边将两手向前推，头部向相反的方向用力，并保持姿势不变；呼气的时候放松力量。将此动作重复做5次。

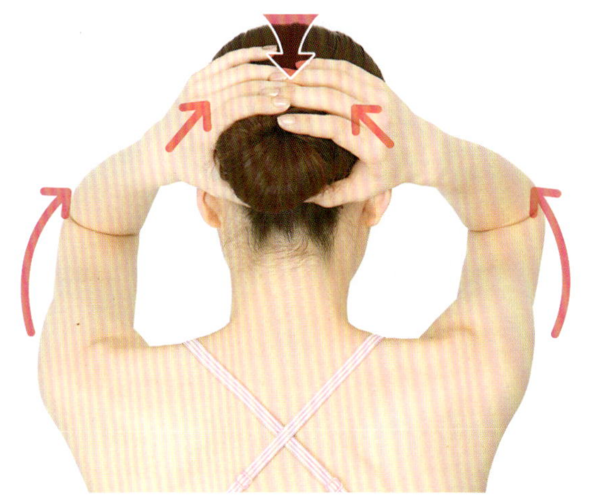

颞骨按压体操

从左右两侧用力，使头部保持直立。可消除头晕及耳鸣现象。

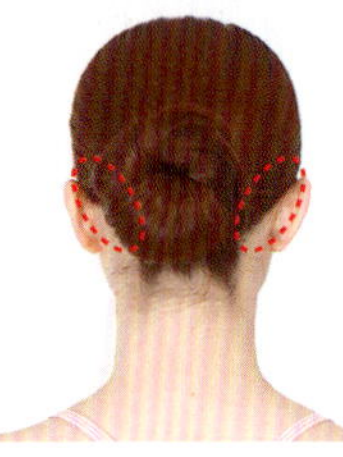

颞骨

颅骨侧面的骨骼。按压时可看到耳朵后部的凸起。

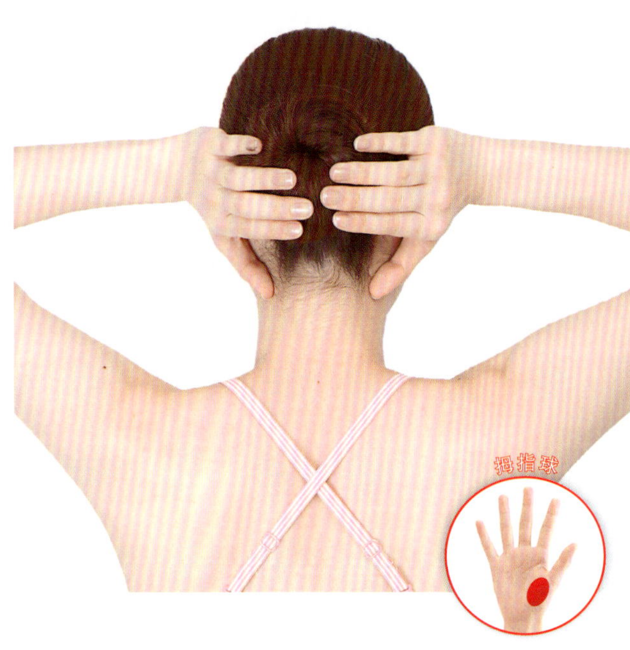

步骤 1

将两手的拇指球分别放在左右耳后部的颞骨凸起处。

步骤 2

边吸气边用拇指球从左右两侧向头部的中心按压头侧面；呼气时手腕放松。将此动作重复做3次。

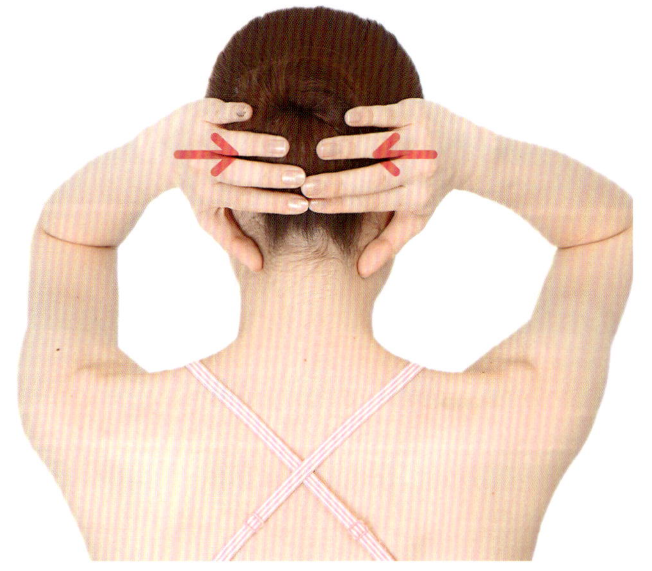

头皮拉伸体操

促进连接面部的头部肌肉的血液循环。有改善脸部松弛、预防产生皱纹及生发的效果。

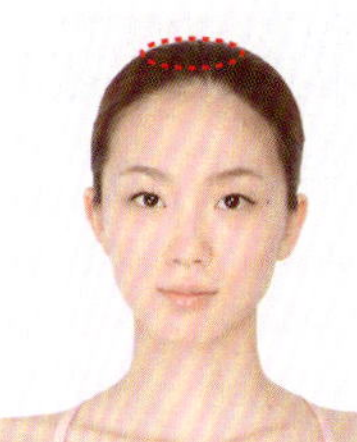

顶骨

颅骨顶部的骨骼。按压时，将手置于头顶。

步骤 1

双手交叉，手掌向下，放于头顶。

步骤 2

边吸气边按压头顶部，并由左右两边画圈向前拉伸，感觉像是将颅骨打开；呼气时放松。将此动作重复做3次。

太阳穴按压体操

使双眼大小一致，让双眼更加迷人。按摩此穴位有清醒大脑的效果。

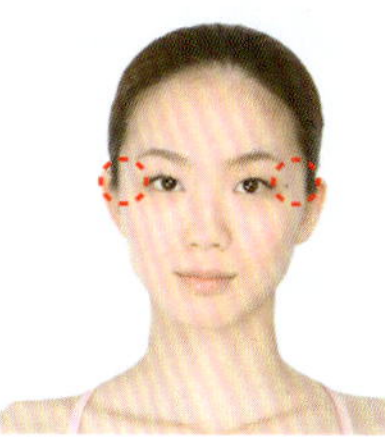

太阳穴

额骨与其下方的蝶骨交界的部位。位于眉梢尖端凹陷处。

步骤 1

将双手拇指指腹分别轻轻放在左右两边的太阳穴上。

步骤 2

边吸气边向后斜下方按压，呼气时手指放松并回到原位。将此动作重复做3次。

消除额头皱纹体操

对于消除皱纹十分有效。还可活化前额叶，提高记忆力。

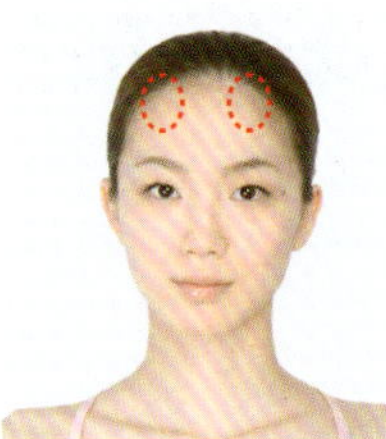

额头角

额头左右两边，位于额骨前端的棱角。骨骼的棱角部分。

步骤 1

双手在额头上交叉，并将拇指球置于额头角处。

步骤 2

吸气时拇指球用力向前斜上方按压，感觉像是将额头轻轻提起；呼气时手掌放松并回到原来位置。将此动作重复做3次。

三角区放松体操

将鼻梁调整为与眉毛连成的水平直线相垂直。鼻子本身也会变高变美。

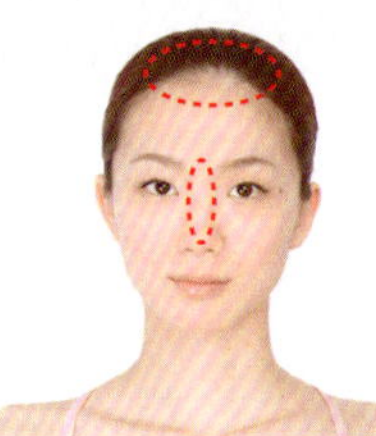

额骨

从额头到头顶部的骨骼。本体操需要按压的是额头部分。

鼻骨

鼻梁处坚硬的骨骼。

步骤 1

用左手捏住额头的两侧，右手捏住鼻子的根部。

步骤 2

不需配合呼吸，双手分别向左右相反方向运动。将此动作重复做10次。活动鼻子的手的力度要掌握在不会使鼻子疼痛的程度。动作要点是双手不要旋转运动，而要水平活动。

光滑脸颊体操

恢复已松弛的脸部肌肤弹性，消除皱纹。使眼部轮廓更加鲜明。

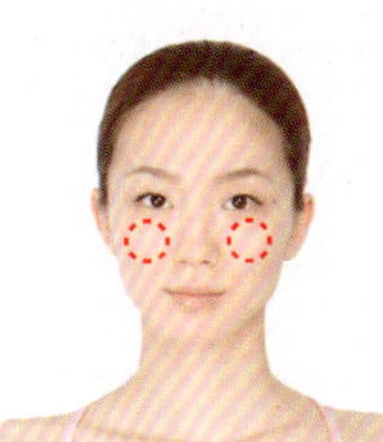

颧骨

脸颊处骨骼最为突出的部位。

步骤 1

用双手的食指、中指和大拇指分别捏住左右颧骨的突起处。

步骤 2

吸气的同时将颧骨向外侧拉伸，呼气时双手放松并回到原来位置。将此过程重复做3次。

嘴部张合体操

此体操可有效消除肩膀酸痛及身体姿态变形引发的颌骨变形。

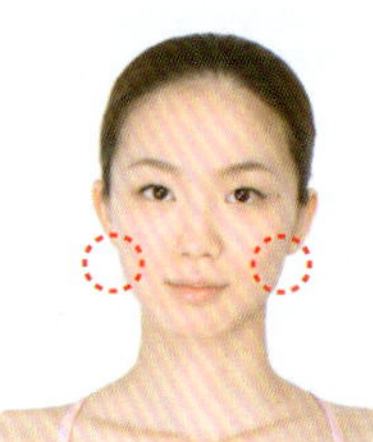

颌关节

上颌和下颌连接的部位。颌骨的根部。

步骤 1

双手分别按住脸颊两侧颌骨的根部，并向中间用力按压。

步骤 2

保持此动作的同时，嘴巴张合10次。嘴巴要尽量张大。

步骤 3

然后，下颌左右交替滑动。向左右两侧各滑动1次为1组，共10组。

对称脸部体操

矫正额头与颌骨的位置。全面修正脸部整体变形的基本体操的最后一步。

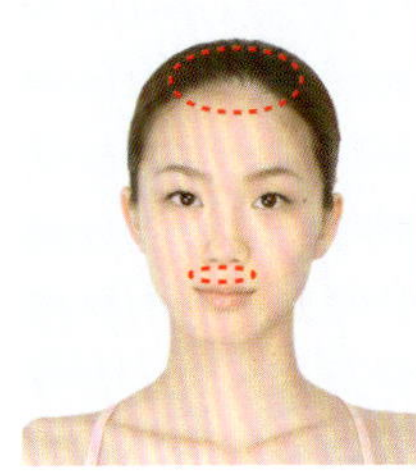

额骨

从额头到头顶部的骨骼。

上颌骨

上颌的骨骼。本体操中捏住的位置是在左右两侧的虎牙附近。

步骤 1

用左手捏住额头两端，右手捏住上颌。

步骤 2

不需配合呼吸，双手像拧毛巾一样逆向向左右两侧进行水平运动。将此动作重复做10次。

PART 2

告别烦恼体操1

进行完基本体操并做好准备活动之后，我们要开始进行针对脸部各个部位的“告别烦恼体操”了。

在人的面部，给人留下印象最为深刻的部位往往是眼睛，会使人产生自卑感的多是鼻子，左右脸部平衡的是面颊，容易发生变形的是颌骨。

为了达到“小脸美肌”的目标，让我们每天坚持锻炼，告别烦恼！

眼部的烦恼

眼部下面的黑眼圈

能够赋予眼部肌肤弹性，促进眼部血液循环。有效缓解黑眼圈。

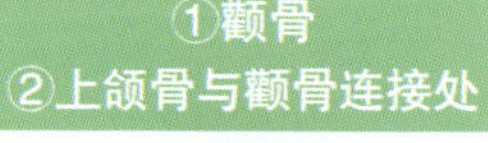

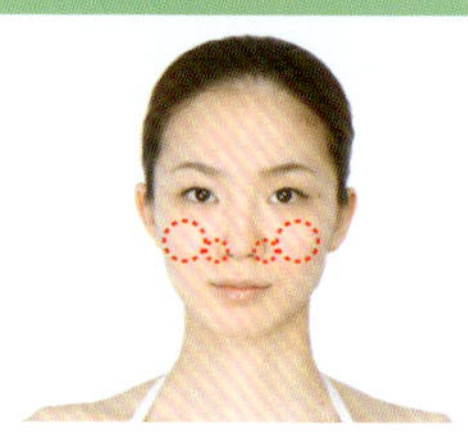

① 脸颊上骨骼中最突出的部分

② 上颌骨与颧骨在鼻翼旁边的连接部分。也就是鼻翼的凹陷处。

步骤 1

用右手捏住右侧的颧骨。左手食指和中指的指尖按在右侧鼻翼的凹陷处。

步骤 2

边吸气边用右手向外侧拉伸，同时左手向下按压；呼气时双手放松，并回到原来位置。将此动作重复做3次。另一侧动作相同。

其他功效

缓解眼角处的皱纹。

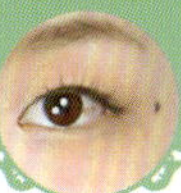

眼角皱纹

拉伸额头与颧骨之间的皮肤，使眼部更舒畅。增加眼部皮肤弹性，消除皱纹。

① 额骨/ ② 颧骨

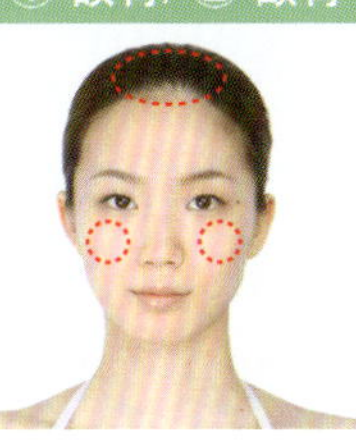

① 从额头到头顶的骨骼。
② 脸颊骨骼最为突出的部位。

步骤 1

用右手捏住额头两侧，左手捏住左侧颧骨。

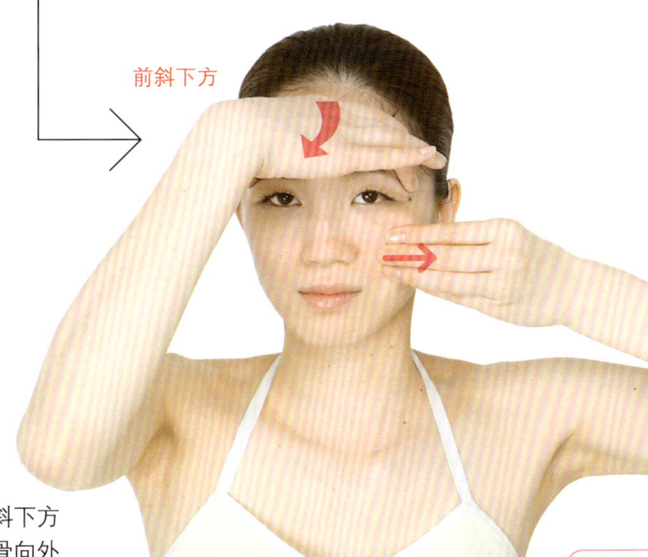

步骤 2

边吸气边用右手将额头向前斜下方轻轻拉拽，同时用左手将颧骨向外侧拉伸；呼气时双手放松，并回到原位。将此动作重复做3次。另一侧动作相同。

其他功效
改善眼部下方的黑眼圈。

左右眉高度不同

矫正额骨变形的体操。使左右眉高度一致。

① 额骨 / ② 太阳穴

① 从额头到头顶的骨骼。
② 额骨与其下方的蝶骨连接的部位。也就是眉梢前端的凹陷处。

步骤 1

右手的大拇指放在额头右侧，其余四指置于左侧，将额头捏住。左手的拇指指腹放在左侧的太阳穴上。

步骤 2

边吸气边用右手将额头向斜前上方轻轻拉起，同时左手大拇指向后斜下方轻轻拉伸；呼气时双手放松，并回到原来位置。将此动作重复做3次。另一侧动作相同。

其他功效

使双眼眼皮的形状一致（一只眼为单眼皮，另一只眼为双眼皮的情况）。

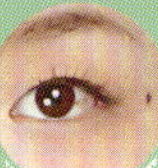

眉间皱纹

后脑肌肉与额头肌肉相连，对其进行按摩，可以消除眉间皱纹。

枕骨

颅骨后侧的骨骼。在此体操中将手放在颈部上方骨骼最为突出的部位。

步骤 1

双手交叉，放在后脑处。如果头发碍事无法交叉时，可采取类似的姿势放在后脑处。

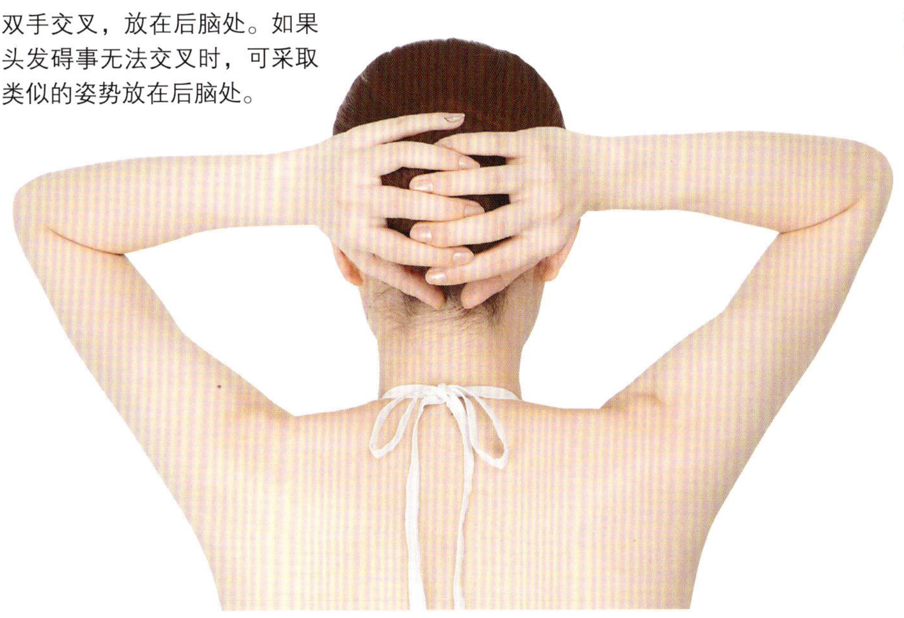

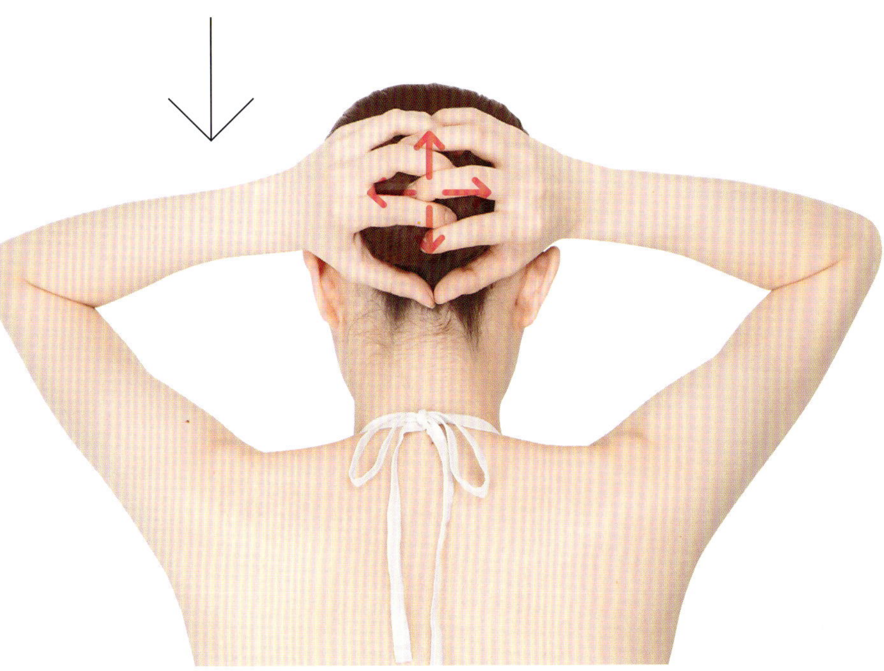

步骤 2

像揉搓肉球一样，双手上下左右微微移动。将此动作持续10秒钟。

其他功效

缓解额头皱纹

眼皮肿胀

眼皮沉重肿胀会给人以阴沉之感。此体操可以促进眼部周围的血液循环。

① 额骨
② 额骨与上颌骨连接处

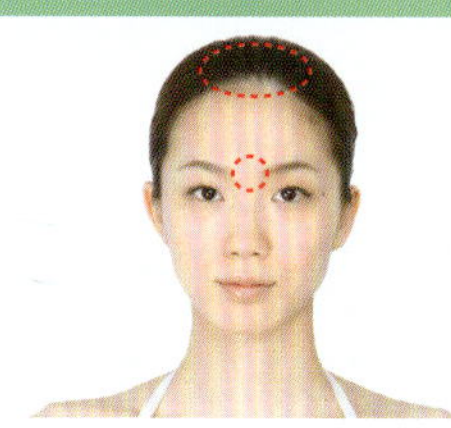

① 从额头到头顶的骨骼。
② 额骨与上颌骨在鼻梁上端连接的部位。

步骤 1

用右手捏住额头两侧，左手食指放在鼻根处。

步骤 2

边吸气边用左手食指在鼻梁处向下拉伸，同时，用右手将额头向前斜下方轻轻拉拽；呼气时双手放松，并回到原位。将此动作重复做3次。另一侧动作相同。

其他功效

使鼻梁挺直，缓解花粉症，消除鼻塞的症状。

鼻部的烦恼

鼻梁弯曲

矫正鼻子的变形，塑造挺直的鼻梁。调整脸部平衡，让你看起来更美。

①鼻骨
②上颌骨与颧骨的连接处

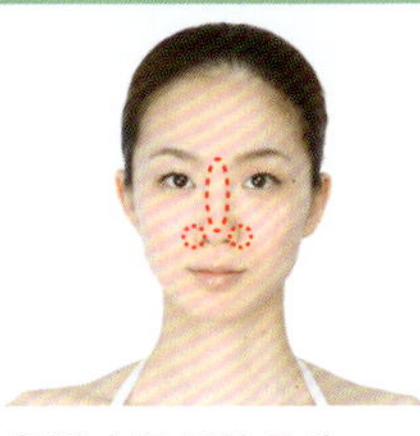

① 鼻梁中坚硬的骨骼。
② 上颌骨与颧骨在鼻翼旁连接的部分。也就是鼻翼旁边的凹陷处。

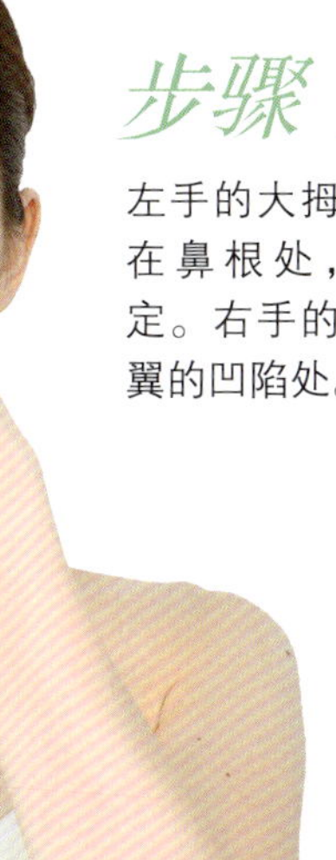

步骤 1

左手的大拇指和食指放在鼻根处，将鼻子固定。右手的食指放在鼻翼的凹陷处。

步骤 2

用左手将鼻子固定，边吸气边用右手的食指向脸颊外侧拉伸；呼气时右手放松，并回到原来位置。将此动作重复做3次。在另一侧做相同动作。

其他功效
有效改善面部皮肤松弛。

鼻梁矮

①鼻骨 / ② 法令纹

向因为鼻梁矮而感到自卑的人们推荐的体操。调整鼻梁，使鼻子变高。

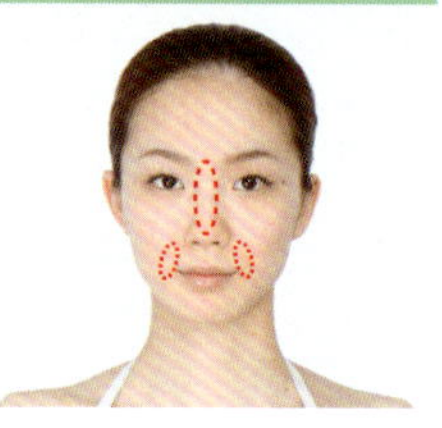

① 鼻梁中坚硬的骨骼。
② 嘴角向左右两侧伸展时，从鼻翼到嘴角一端呈现出的线。

步骤 1

用右手的大拇指及食指捏住鼻翼上方的鼻骨，将鼻子向上提起。左手食指放在左侧鼻翼的法令纹起点处。

步骤 2

将鼻子固定，边吸气边用鼻翼上的食指向外侧拉伸，手指的移动要沿法令纹画半圆形；呼气时左手手指放松并回到原来位置。将此动作重复做3次。另一侧动作相同。

其他功效
可以有效淡化法令纹。

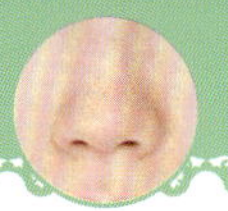

从鼻梁到颌骨处的弯曲

颧骨和上颌左右相互运动，可以矫正鼻梁到颌骨处的弯曲，使其变得挺直。

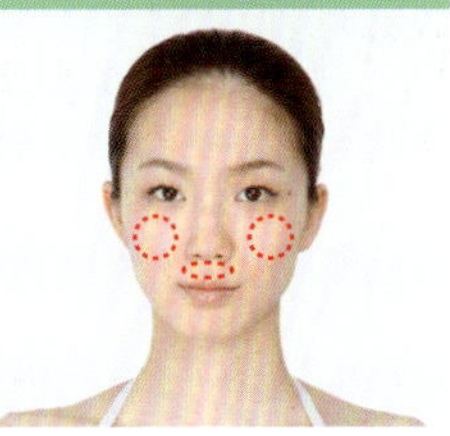

① 脸颊中骨骼最为突出的部位。
② 上颌的骨骼。捏住的时候要将手放在左右两侧的虎牙处。

步骤 1

将右手放在左右两侧的虎牙处（A），左手放在左右两侧的颧骨处（B）。

续P36

步骤 2

不需配合呼吸，用左手将颧骨固定，右手将上颌左右移动。左右各移动1次为1组，共3组。

步骤 3

下面向相反方向进行。用右手固定上颌，左手将颧骨左右移动。左右各移动1次为1组，共3组。

鼻子不平衡

鼻翼左右两侧的隆起处及鼻孔大小是否一致呢？此体操可以调整鼻形。

① 额骨
② 上颌骨与颧骨的连接处

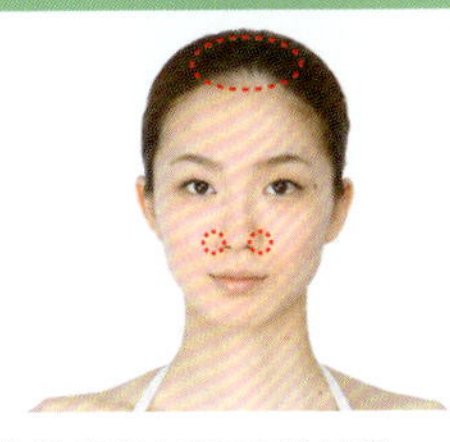

①从额头到头顶的骨骼。
②上颌骨与颧骨在鼻翼旁的连接部位。也就是鼻翼两侧的凹陷处。

步骤 1

用右手捏住额头两侧，左手大拇指置于鼻翼骨骼旁的凹陷处。

前斜下方

步骤 2

边吸气边用右手将额头向前斜下方轻轻拉拽，左手大拇指向脸外侧拉伸；呼气时双手放松，并回到原来位置。将此动作重复做3次。相反一侧动作相同。

其他功效

使鼻梁挺直，缓解花粉症和鼻炎，消除鼻塞的情况。

脸颊的烦恼

脸颊左右高度不同

用笔直的木棒放在脸的中心线上，观察左右脸颊，是否感觉不对称呢？不用化妆来遮掩，调整你的素颜。

① 脸颊骨骼中最为突出的部位。
② 上颌骨与颧骨在鼻翼旁连接的部位。也就是鼻翼旁边的凹陷处。

将两手除大拇指以外的四只手指放在左右两侧的颧骨上。

步骤 2

让手指滑动到颧骨的一端，嘴慢慢张合，张开时尽量张大。将此动作重复做5次。

其他功效

使鼻梁挺直，缓解花粉症及鼻炎，消除鼻塞的症状。

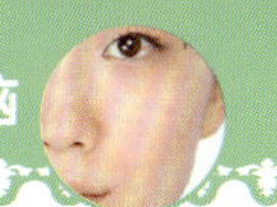

脸颊左右隆起不同

脸上面积最大的部位就是脸颊了。左右脸颊的隆起不同，会给人以相貌凶恶之感。使脸部高度及隆起一致，改善他人对你的印象。

颞骨肌

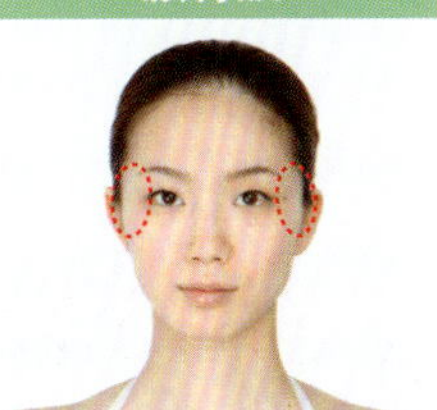

颧骨到下颌骨部分咀嚼东西的咀嚼肌。按压时将手放在颌骨的根部。

步骤 1

将双手的拇指球放在颧骨最突出的部位。

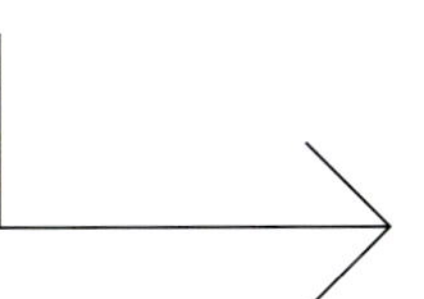

步骤 2

将手滑动到下颌处，嘴慢慢张合，张开时尽量张大。将此动作重复做5次。

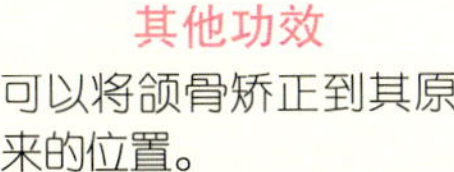

其他功效

可以将颌骨矫正到其原来的位置。

脸部脂肪

如果脸颊丰满，即便很瘦也会给人以肥胖的印象。让我们的脸颊轮廓更加精致吧。

下颌舌骨肌・肩胛舌骨肌・甲状舌骨肌等

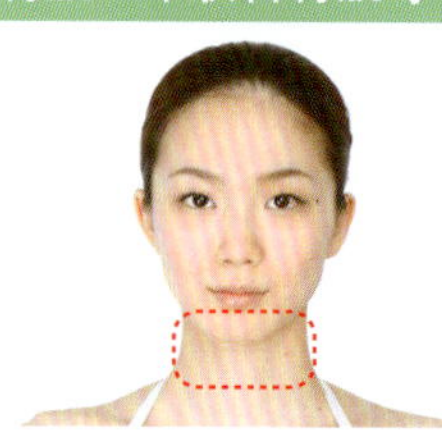

此体操可以锻炼颌骨内侧至颈部的肌肉群，使其达到平衡。

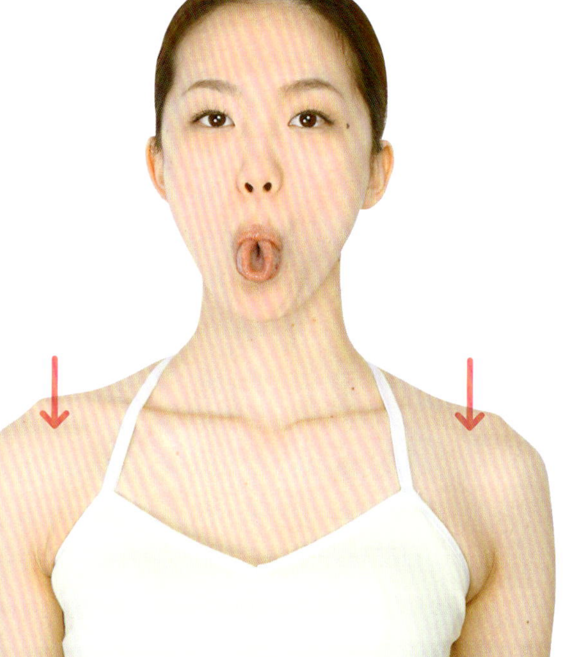

步骤 1

两肩下垂。将舌头纵向折成圆形，并向前伸出保持3秒钟。如果舌头不能弯曲自如，根据自己的感觉做即可。

步骤 2

舌头保持圆形收回到嘴里，再保持3秒。第一步第二步为1组，共做5组。

其他功效

可以使颌骨及颈部变得纤细。

下巴的烦恼

下巴松弛

下巴处松弛会让人的脸看起来很大。让我们来消除松弛，使颌骨变得纤细，做小脸女人吧！

① 颌舌骨肌 / ② 颈阔肌

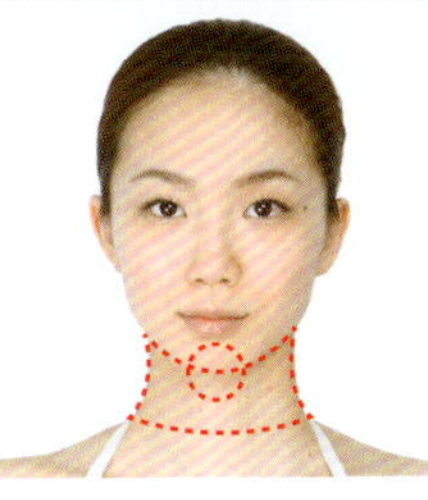

① 颌骨内侧至喉结处的肌肉。
② 覆盖颈部前面，从颌骨内侧至颈部的肌肉。

步骤 1

两肩下垂。舌尖轻微上翘，并向前伸出保持3秒。如果舌头不能弯曲自如，根据自己的感觉做即可。

A

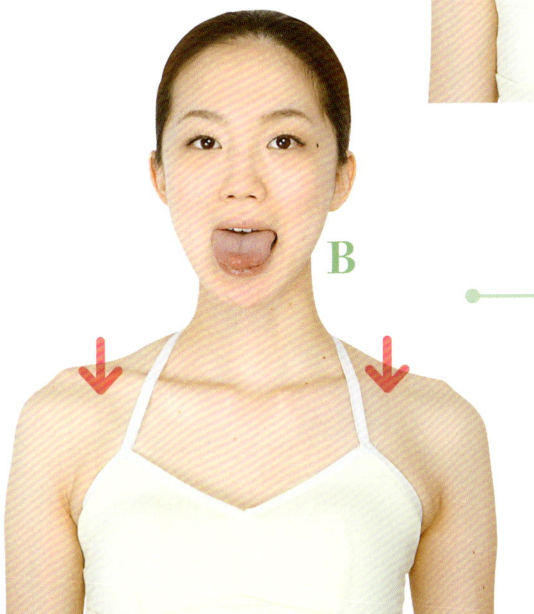

B

从侧面来看

续P42

步骤 2

将舌头尽量向右侧伸出，左肩下垂拉伸，保持3秒。然后再将舌头向左侧伸出，右肩下垂，保持此姿势3秒。

其他功效

燃烧脂肪，加快代谢速度，改善肩头僵硬，消除浮肿，活化大脑，改善身体状态不佳、浑身慵懒等不适症状。

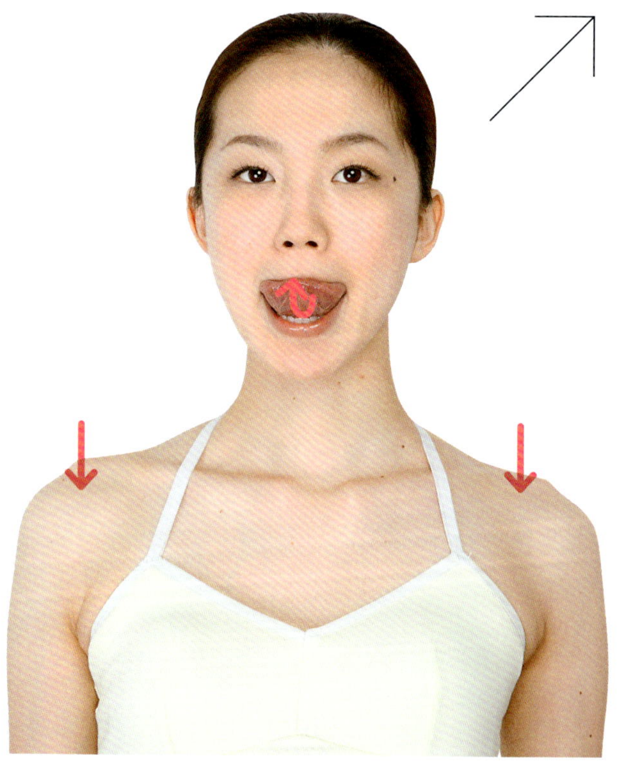

步骤 3

舌头尽量向鼻尖伸出，两肩下垂，持续3秒。（肩部下垂时，要感觉到背部的肩胛骨用力向下拉）。

步骤 4

舌尖尽量向下巴伸出（感觉像是“做鬼脸”一样）。两肩用力向下，持续3秒。

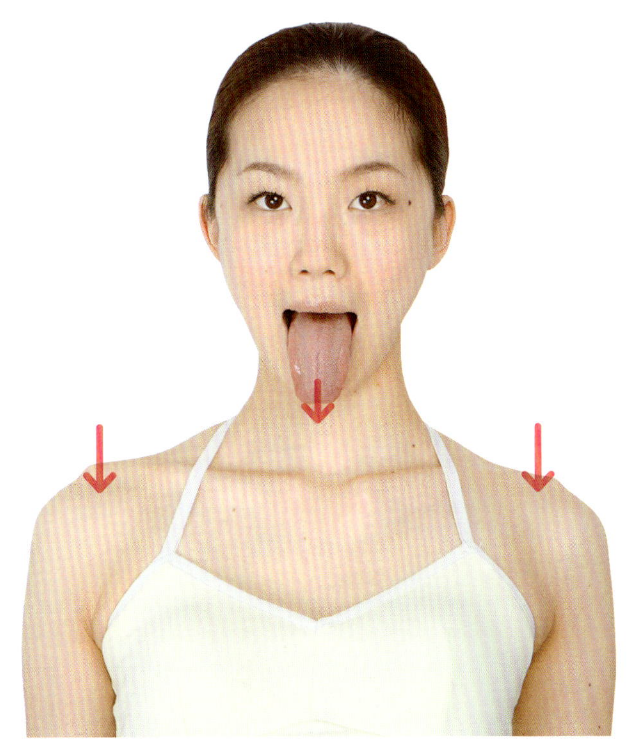

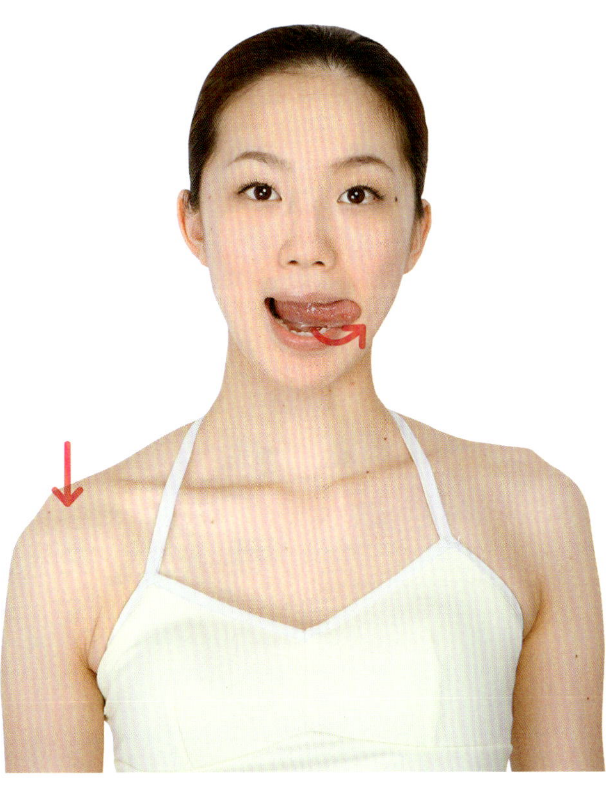

步骤 5

让舌头像在舔左侧嘴角一样伸出，向上稍稍旋转，在舌头向上时停止，右肩下垂，持续3秒。另外一侧动作相同。将第一步至第五步动作重复3次。

双下巴

一鼓作气消除让你担心的双下巴，塑造鲜明的脸部轮廓。

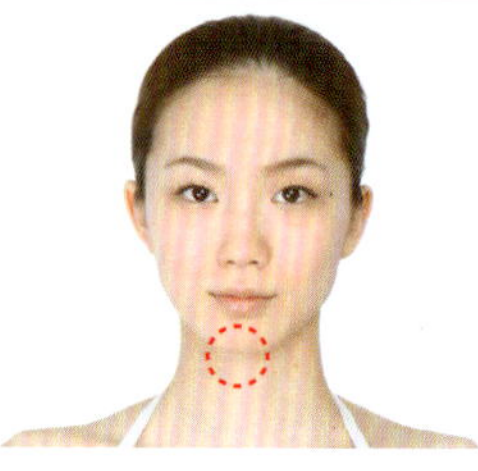

从下巴内侧至喉结处的肌肉。

步骤 1

右手的大拇指从脸颊骨骼最高的位置向下颌右侧的骨骼上方滑动，运动至颌骨下侧时停止。

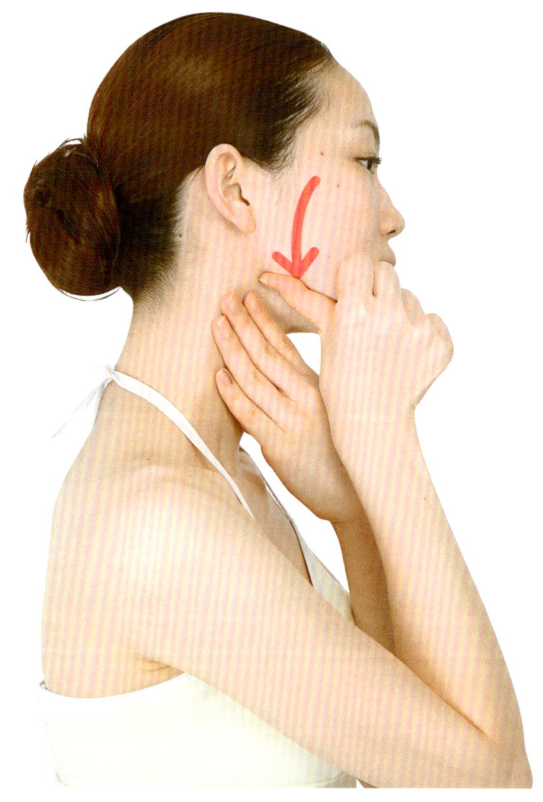

步骤 2

右手大拇指位置固定，用左手沿颈部向下拉伸。然后左手在停止位置处固定，并将嘴尽量张大闭合5次。

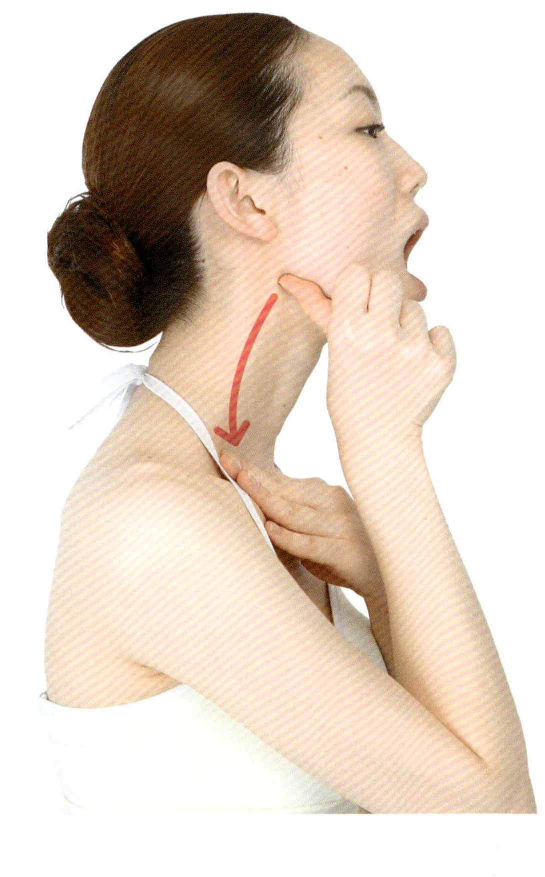

步骤 3

双手回到原处，稍稍向左移动，并重复第1～2步动作。从颌骨的一端至另一端共分3次进行。左侧脸颊也同样分3次进行。

下巴偏离脸部中心

翼外肌、咬肌、二腹肌

在镜子中仔细观察脸部，有没有发现颌骨向左或向右偏离了呢？将下巴调整回原来的位置，使脸部左右对称。

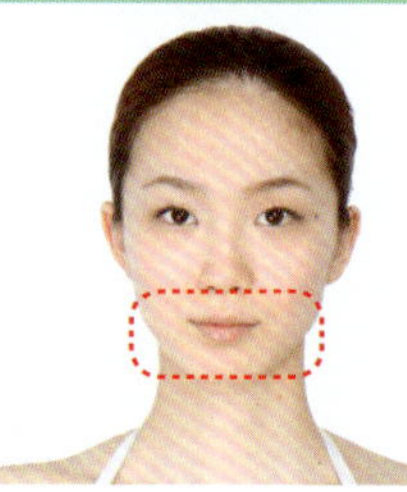

本体操将广泛作用于颌骨根部到腮部、下颌内侧的肌肉。

步骤 1

用左右手的手掌包裹住左右脸颊。两侧腋下用力夹紧，手稍稍用力。

用力

步骤 2

下颌缓慢左右活动10次，然后再前后活动10次。与按压脸颊的力量相反，用力活动。

左

步骤 3

将嘴缓慢张开闭合，张开时尽量张大。反复做5次。

PART 3

告别烦恼体操2

让您烦恼的脸部及肌肤问题的具体内容实际上千差万别，各不相同。

在这里，我们继续为您介绍脸部各部位的告别烦恼体操，以及肌肤问题和变形改善之后的维护体操。

预防变形，保持小脸与美肌！

嘴部的烦恼

DVD 课程 25

嘴角下垂

从颈部侧面开始着手，使嘴角上提，塑造轮廓鲜明的脸。

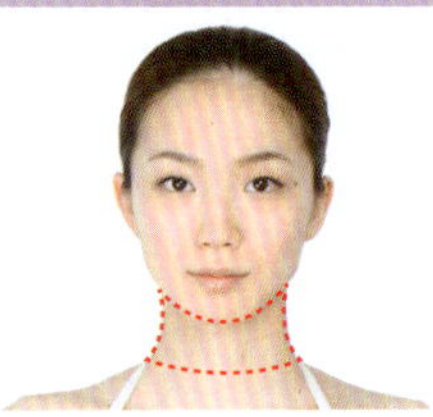

颈阔肌

覆盖颈部前面，从颌骨内侧至颈部的肌肉。

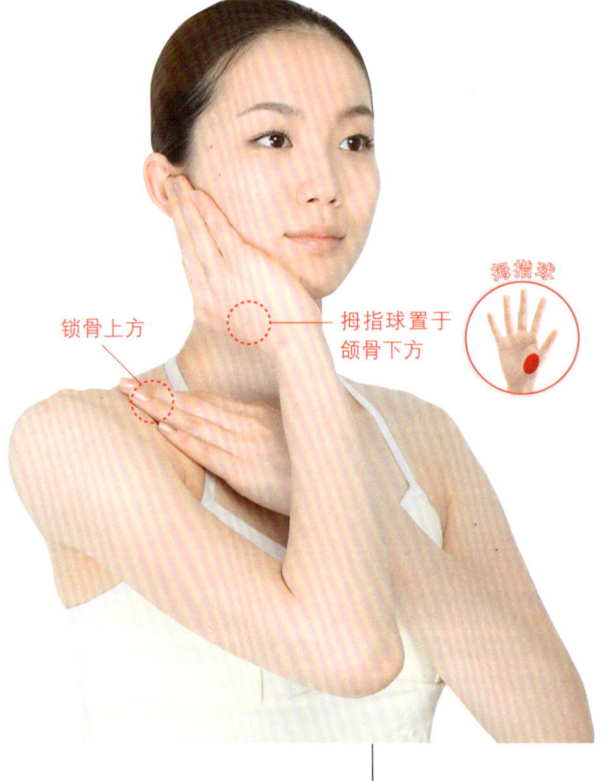

步骤 1

右手的拇指球置于右侧颌骨下方，并支撑右侧颌骨（感觉像是托着腮）。左手放在右侧锁骨上方。

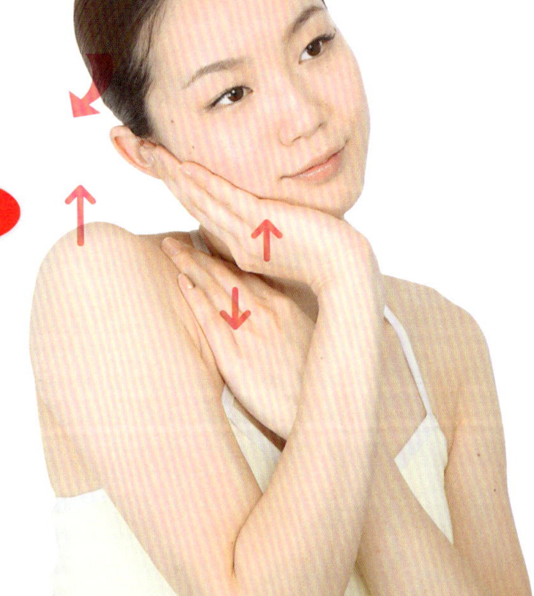

步骤 2

右耳与右肩向一起蜷缩，头倒向右侧，双手向相反方向用力阻止肩与头靠近。将此动作重复做5次。另外一侧动作相同。

其他功效

使颈部到胸部的肌肉及肌肤紧绷，胸部弹性增加，缓解生理疼痛，上下唇整齐一致，下巴变得纤细。

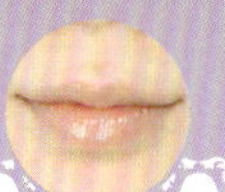

DVD 课程 26

上下唇变形

上下唇不对称给人以不开心的印象。让我们将嘴唇调整回中心线上吧！

颈阔肌

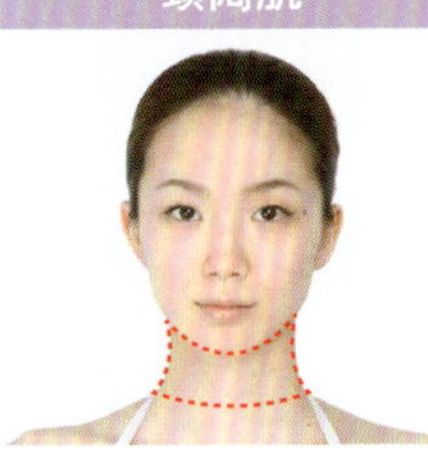

覆盖颈部前面，从颌骨内侧至颈部的肌肉。

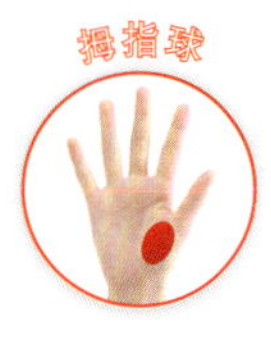

步骤 1

右手拇指球支撑右侧下巴一端，左手放在右手下面的脖子上，向锁骨滑动拉伸皮肤。

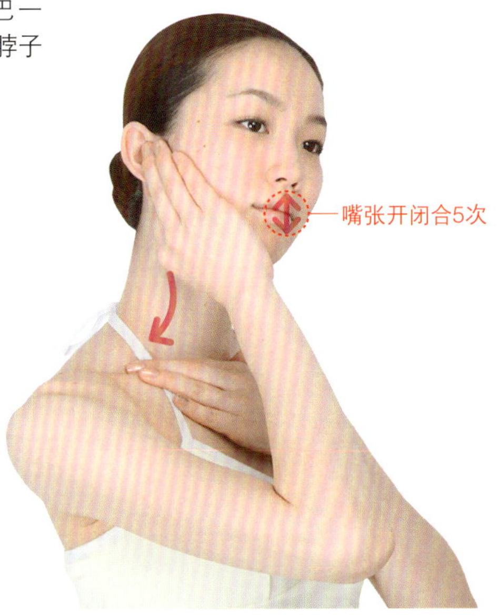

效果提升

用右手将颌骨向上推，左手将锁骨向下压，使颈部感到适当的力量再进行体操，效果将会提升。

步骤 2

左手在锁骨处固定，将嘴张开闭合5次。右手向下巴稍稍挪动，左手放在右手下面的脖子上，向锁骨滑动拉伸皮肤，然后将手在停止处固定，嘴张开闭合5次。

步骤 3

右手置于下巴上，左手放在右手下面的脖子上并向锁骨方向滑动拉伸，手在停止位置固定，嘴张开闭合5次。每一侧下巴要从三个不同的位置开始，沿不同轨迹进行，共做3次。另外一侧动作相同，从第一步开始重复。

从侧面看

其他功效

消除颈部的皱纹及松弛，将下巴矫正回脸部的中心线上，改善颌关节机能。

颈部的烦恼

咽喉处皮肤松弛

颈部肌肉松弛会引发下巴及颈部肌肤的松弛。强健颈部肌肉，塑造线条鲜明的颈部。

甲状软骨

颈部前面，气管周围的软骨。

步骤 1

用一只手轻轻抓住咽喉上部的甲状腺软骨（颈部正面的骨骼，触碰会左右移动，位于下巴尖的下方）。力度以不让自己难受为准。

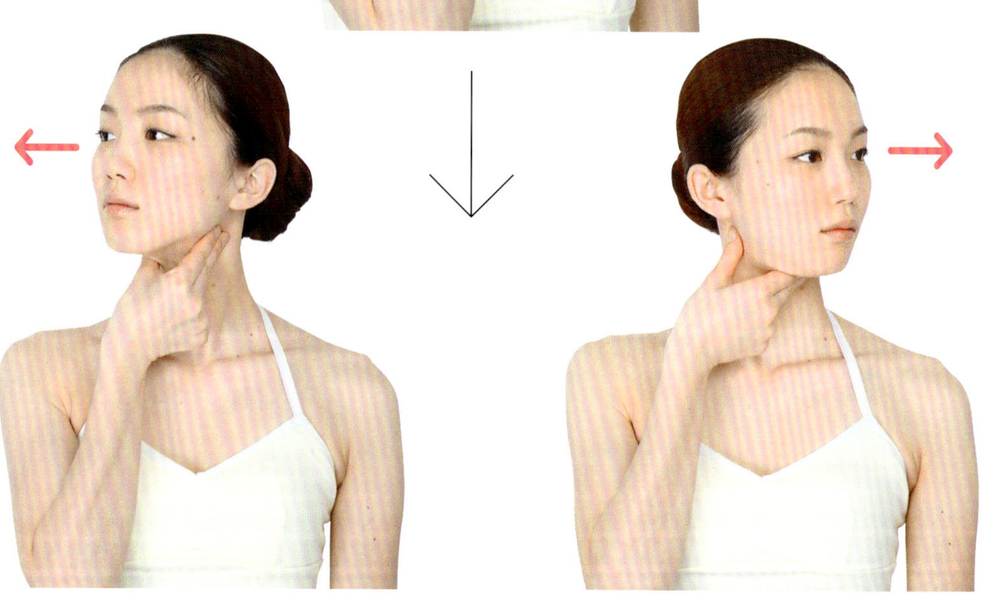

步骤 2

将视线保持平视，向左右缓慢转动脖子。左右各1次为1组，共做3组。

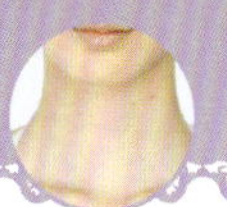

DVD 课程 28

颈部皱纹

淡化颈部顽固皱纹，塑造正面与侧面的清晰线条。

胸锁乳突肌

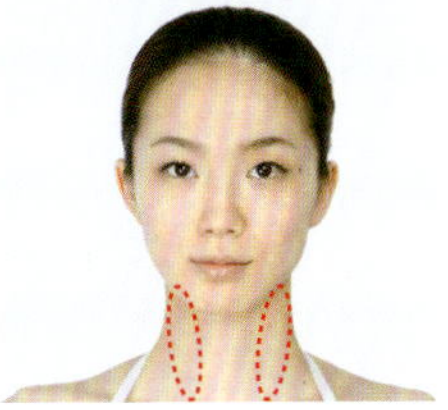

从左右耳后至锁骨中央的斜向的肌肉。

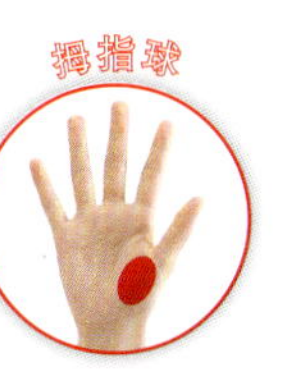

步骤 1

左手拇指球对着颈部，牢牢置于右耳后骨骼的凸起部分。

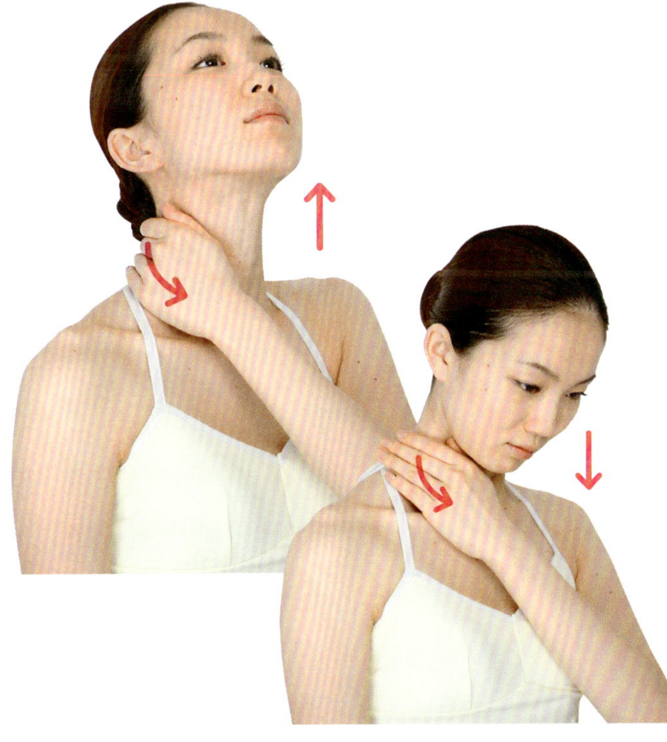

步骤 2

左手拇指球对着锁骨中央，缓慢斜向滑动拉伸，同时用力点头。在手滑动到锁骨中央的过程中，点头3次。不要改变脸的朝向，脸要保持面对前方的状态。相反一侧动作相同。

其他功效

缓解眼睛疲劳。

颈部脂肪

将头发盘起时可以轻易看到颈部的脂肪。锻炼颈部肌肉，塑造颈部清晰线条。

①枕肌 / ② 斜方肌

① 耳朵后面后脑勺上的肌肉。
② 连接颈部后侧至肩部的肌肉。

从耳后至后脑勺

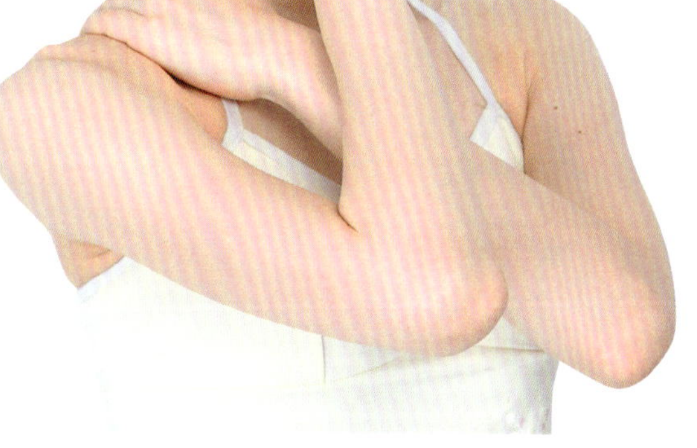

步骤 1

将右手大拇指放在右耳后的后脑勺上，从下面支撑头部（也可右手整体放在耳后）。左手按住右肩。

其他功效

消除眼部疲劳，缓解颈肩的肌肉酸痛。

在第一步中如果将手整体放在耳后的后脑勺处，比较容易产生负荷，体操的效果将会提升。

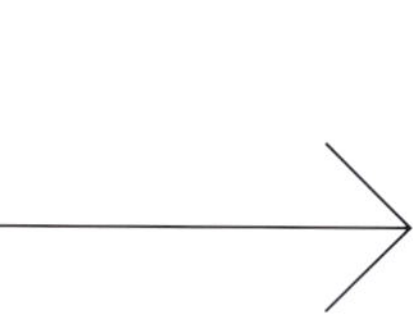

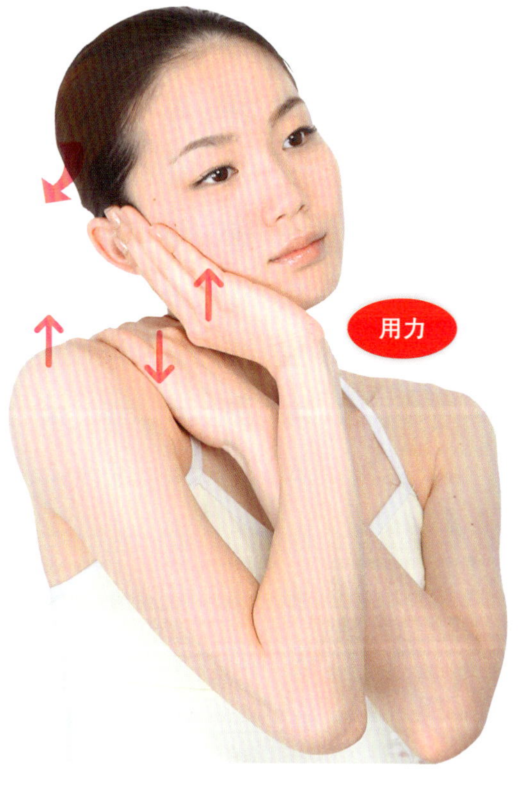

步骤 2

尽量使右肩与脸紧贴在一起，脖子向斜后方慢慢倒下，双手各自施以相反的力阻止头与脖子的活动。将此动作重复做5次。另外一侧动作相同。

颈部前面的脂肪

如果脖子前面堆积脂肪，就会让人觉得脸很大。此体操让你消除这些多余脂肪！

甲状软骨

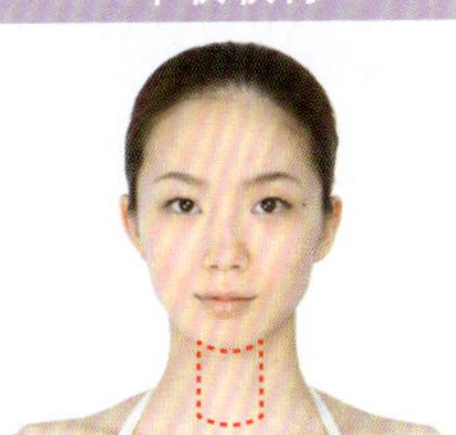

颈部前面，气管周围的软骨。

步骤 1

将嘴闭合，面向前方，用一只手捏住甲状软骨（颈部前面的骨骼，触碰时会左右移动，位于下巴尖的下方）。力度以不让自己难受为准，并牢牢捏住。

其他功效
会使发声变得更轻松。

步骤 2

捏住甲状软骨的手左右轻轻摇晃20~30次，持续摇晃约10秒钟。注意手不要松开。

颈部肥胖

伸出舌头并摇头。两个动作同时进行，会使颈部变得纤细优美！

①颈阔肌/②胸锁乳突肌

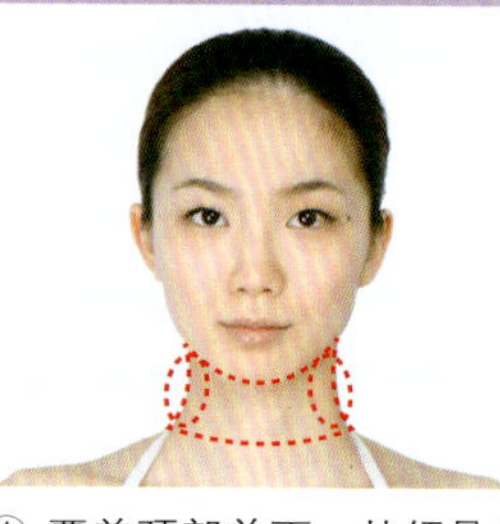

①覆盖颈部前面，从颌骨内侧至颈部的肌肉。
②从左右耳后至锁骨中央的斜向的肌肉。

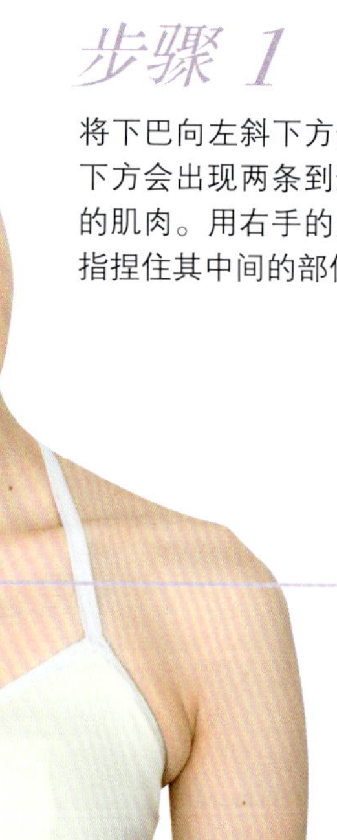

步骤 1

将下巴向左斜下方倾斜，耳朵下方会出现两条到达锁骨中央的肌肉。用右手的大拇指及食指捏住其中间的部位。

捏住这里

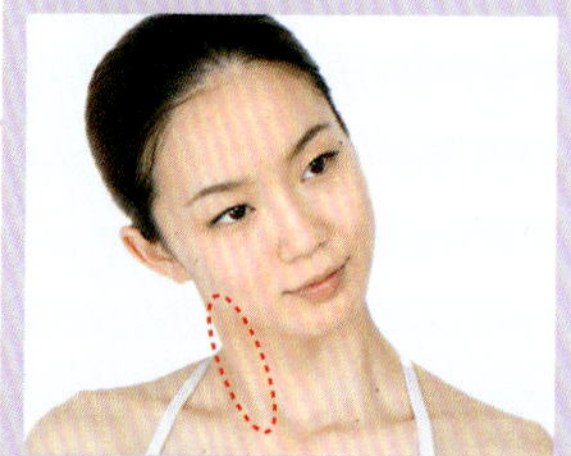

将头向侧面歪，颈部会出现一条斜向的肌肉。将头摆正时这条肌肉又会隐藏起来。用大拇指指肚和食指的第二关节牢牢捏住这条肌肉。

步骤 2

捏住颈部的肌肉，将脸面向前方。其重点是力度要以不让自己难受为标准，牢牢捏住。

其他功效
淡化颈部皱纹。

步骤 3

将舌头尽量向前伸出，脸缓缓转向右侧。这时视线不要降低，保持向前平视。将此动作保持3秒。

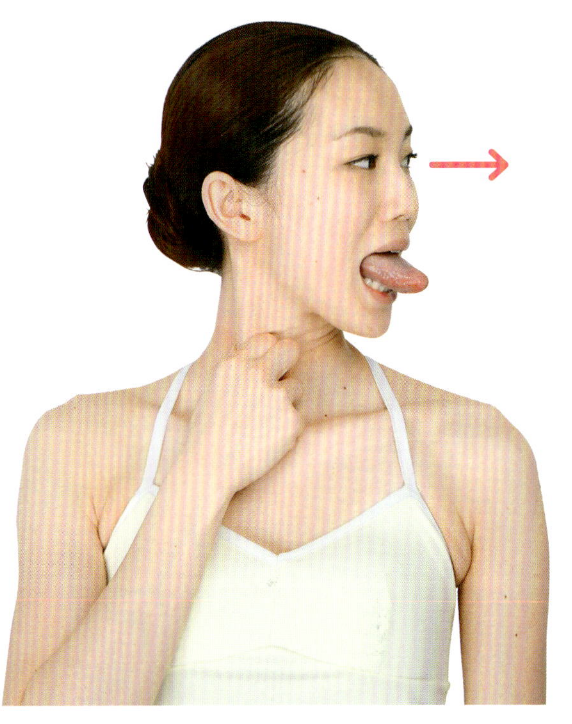

步骤 4

然后脸缓慢转向左侧。在脖子旋转的时候注意不要让手指捏住的肌肉挣脱。脸面向左侧保持3秒。

步骤 5

右侧结束之后接下来是左侧。下巴向右斜下方倾斜，左手牢牢抓住左边的肌肉，然后重复第2～4步动作，让脸向左右方向旋转。左右交替1次为1组，每次进行3组。

颈后部的松弛

脂肪容易在颈后部堆积，这容易让人忽略。消除难以发现的松弛。

斜方肌

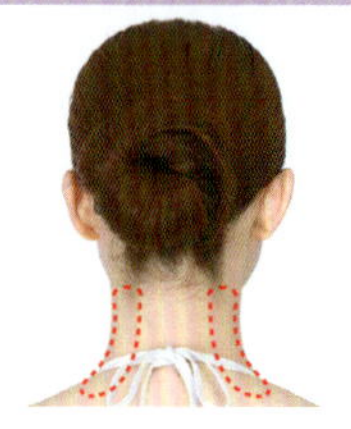

连接颈部后侧至肩部的肌肉。手要沿着这条肌肉进行运动。

步骤 1

用右手手掌与四只手指握住脖子。如果不容易握住的话，把右手放在上面即可。

将手缓缓向下运动至肩部，同时下巴上下活动深点头3次。重复第1～2步动作3次。另外一侧动作相同。

其他功效

缓解颈肩的肌肉酸痛。

脸部轮廓的烦恼

脸部轮廓的松弛

DVD课程33

脸部肌肉下垂，脸的轮廓就会变大。锻炼脸部周边肌肉，使其向上拉提。

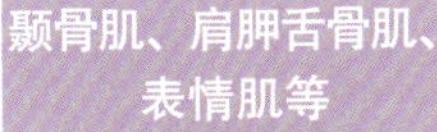
颞骨肌、肩胛舌骨肌、表情肌等

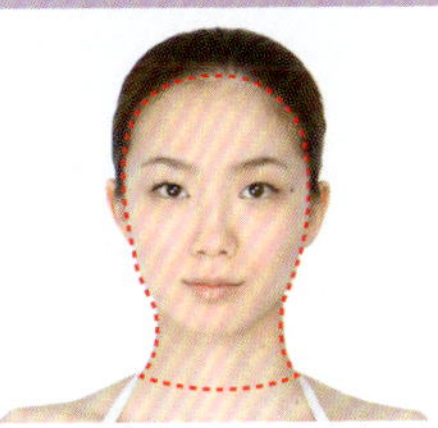

此体操可锻炼脸部周边及颈部的肌肉。

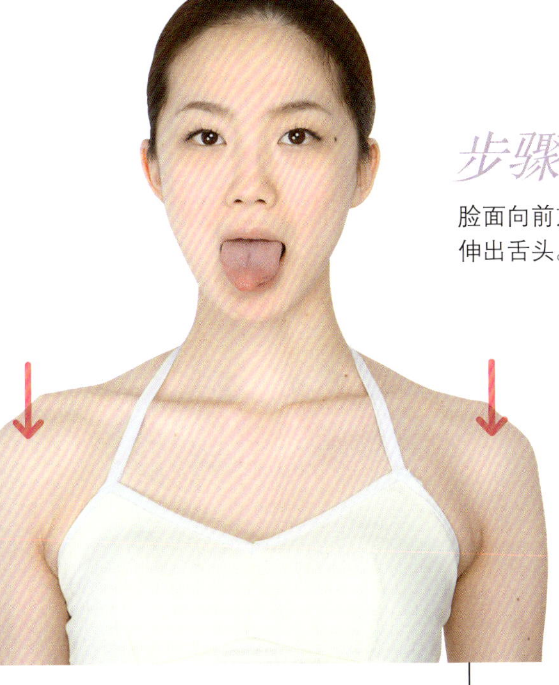

步骤 1

脸面向前方，两肩下垂，伸出舌头。

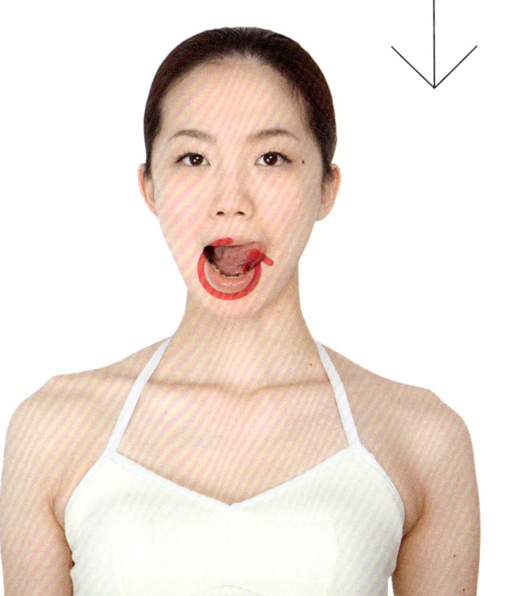

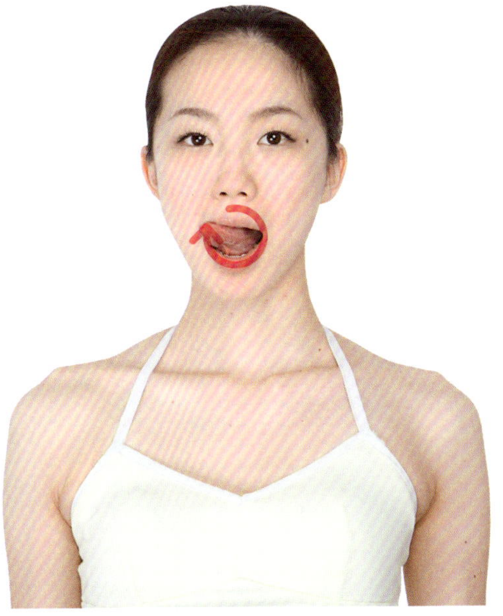

步骤 2

用舌头舔嘴唇一圈。顺时针逆时针方向交替，各3次。

肌肤的烦恼

肌肤干燥

干燥的肌肤会给人以衰老的印象。找回肌肤原本的水润，塑造滋润的肌肤。如果皮肤感到干燥，随时可以进行。

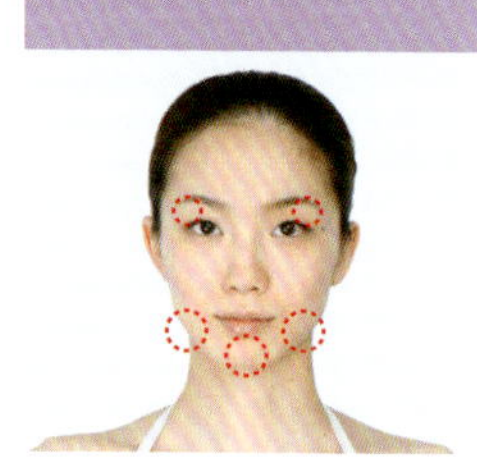

① 位于下巴尖的内侧。
② 位于颌骨两端的内侧。
③ 位于眼窝的内侧。眉毛下方的凹陷处。

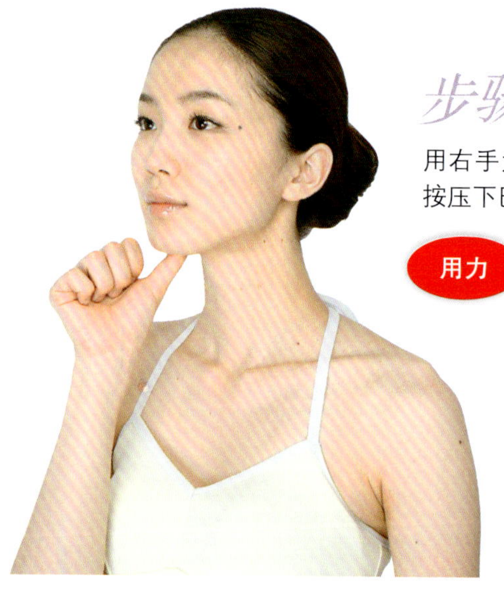

步骤 1

用右手大拇指指腹用力按压下巴下方15秒。

用力

用力

步骤 2

用两手的大拇指对下巴尖至颌骨的中间部位，向内侧用力按压15秒。

步骤 3

用两手的食指按压眼球斜上方的眼窝内侧15秒。（*佩戴隐形眼镜的人在进行此步骤前请将隐形眼镜摘下。）

其他功效
可以改善眼睛干涩。

油性肌肤·痤疮

活动脸部整体的筋膜，改善肤质。使肌肤新陈代谢正常化，改善角质层的错乱，唤醒肌肤自我保护机能。

脸部的筋膜

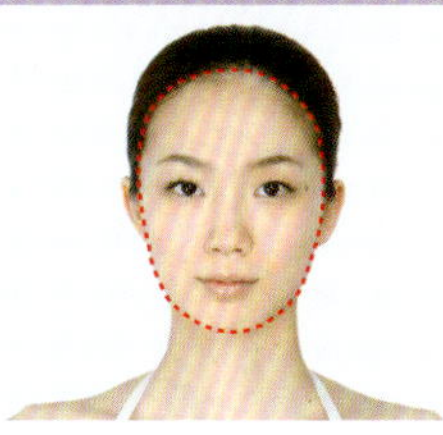

包裹肌肉表面的薄膜。将肌肉松弛地固定在一定的位置上。

用力

步骤 1

将手放在脸的左右两侧，左手向后，右手向前揉搓。揉搓结束后将手固定，嘴开合5次。相反方向揉搓动作相同。

其他功效

改善肤质，消除皮肤粗糙，塑造脸颊清晰轮廓，改善下巴变形，改善咬合不齐，改善颌关节机能。

从侧面看

续P62

步骤 2

手回复初始状态，指尖向上，手掌向下按压脸部，使脸部上下伸展。然后将嘴开合5次。

DVD课程36

瘦脸的保持

消除变形，重获平衡小脸，最简单易行的维护体操。为了不再让脸发生变形，请将此体操作为一种锻炼习惯。

①额骨／②上颌骨／③翼外肌、咬肌、二腹肌等／④脸部的筋膜

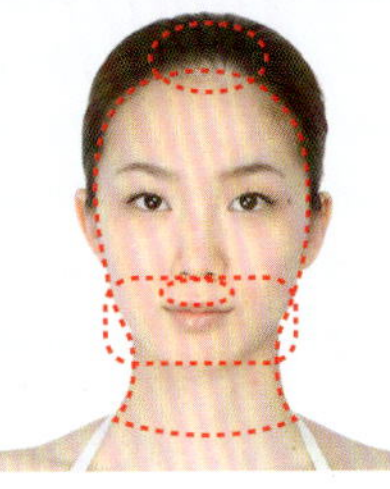

①从额头至头顶的骨骼。
②上颌的骨骼。捏住时手要放在左右两侧的虎牙附近。
③下颌根部，腮至下颌内侧的肌肉。
④包裹肌肉表面的薄膜。将肌肉松弛地固定在一定的位置上。

步骤 1

用右手捏住额头，左手捏住上颌，左右交替运动10次。

效果提升

为了保持没有变形的脸部，最好每天坚持进行基本体操，此外再辅以此体操，便可预防变形，保持脸部的平衡，永远做一个小脸美人！

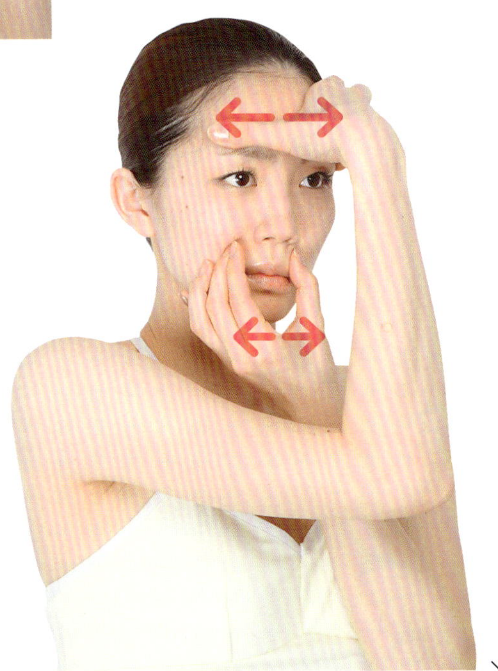

续P64

步骤 2

用双手将左右脸颊的肌肉拉提至太阳穴附近。然后保持此状态，嘴部开合10次。

步骤 3

沿下巴的线条将皮肤及肌肉提升至耳后，并将嘴部开合10次。

PART 4

深层塑脸体操

脸部变形源自于你不曾注意的不良习惯及对于自己身体的不当使用中。对于变形原因进行再次确认，在日常生活中预防脸部变形。

然后再向大家介绍一种可以提高塑脸体操效果的体操，以及对于早上的“脸部困扰”有立竿见影效果的体操。

美容问题的关键所在

提高肌肤原本的自然治愈力与防御力，
保证脸部、身体结构与变形矫正的有效性。

A. 从骨骼开始进行矫正，使脑脊液流动更为通畅

在许多“美颜术”当中，塑脸体操的效果尤为显著，其主要原因在于它着眼于脑脊液的流动，从根本上矫正变形。至今为止，几乎没有人从美容方面来关注过脑脊液，但是，脑脊液的流动畅通不仅对人体的健康非常重要，而且可以改善诸多美容问题。

成年人体内的脑脊液为100～150毫升，它在各脑室、脊髓硬膜、中枢神经以及末梢神经中循环。中枢神经是贯穿脊椎的神经，脊椎由脊髓硬膜将上端的颅骨及下端的骨盆（腰椎骨）连接起来，所以，中枢神经也是从颅骨直到骨盆（腰椎骨）的。正如其名，中枢神经是构成人体中枢的重要神经，在其中流动并在颅骨与骨盆（腰椎骨）之间循环往复的脑脊液，就是为全身所有神经供应营养的体液。

此外，因为脑脊液是在颅骨内循环的体液，因此它也控制着三叉神经等影响表情的神经。而颅骨周围的颜面神经控制着表情肌的运动，如果脑脊液流动畅通，血液及淋巴液的流动也变得顺畅，这样便可达到美容的效果。

如果从骨骼方面矫正脸部的变形，便可以改善血液、淋巴液乃至脑脊液的流动，其结果便可以调整脸部结构，改善肤质，消除各种各样的美容障碍。

从根本上消除美容障碍，是“塑脸体操”与以往的美颜术所不同的最大特点。

B. 以“骨疗法”为基础的美容体操

塑脸体操是A・T・斯蒂尔医生以美国先进的“骨疗法”这一治疗医学为基础开发的独有技术。

所谓“骨疗法（Osteopathy）”，是由希腊语中的“osteo（骨骼）”与“pathy”（疾病、治疗）两个词组合而成的。脊椎与全身的骨骼、肌肉都相互关联，它是矫正变形的根本。因此，提高人体本来所具有的自然治愈力与防御力，同时在不使用药物的情况下恢复身体机能，引导身体进入健康状态，这才是我们最终的目标。

针对全身进行的骨疗法具有多种治疗效果，其中最重要的骨效法之一就是W・G・沙扎朗特博士开发的、以改善脑脊液流动为目的的“颅骨疗法（颅骨矫正术）”。将此应用于美容障碍的修复，便可做到“真正均衡的塑脸”，而且任何人都可以简单操作随时进行，这便是“塑脸体操”。

C. 1次 10 秒的体操，让它成为你的习惯

塑造美丽的肌肤，要根据季节变化进行UV护理，化妆水和乳液可以补充肌肤日常所需的水分及油

分。在饮食生活中要注意控制容易引发痤疮及粉刺产生的糖分及脂肪成分的摄入，积极摄取富含具有美白效果的维生素C及具有保湿效果的维生素E的食品。这些都是日常的方法。

“塑脸体操”可以提高肌肤自然治愈力与防御力，但是同时进行身体内外的护理，那它的效果便能更快更好地显示出来。

首先，将每次10秒的体操根据自己的目标组合，每次5～10分钟，每日早晚进行为最佳。因为这都是随时随地可以进行的体操，因此利用一点空闲的时间进行精神放松，养成这样的个人习惯对肌肤健康是十分有益的。

D. 颅骨的结构与“塑脸体操”

“矫正颅骨的变形”，听到这句话，大概很多人都会感觉不知所云。

说到颅骨，我们也许会联想到包裹大脑的球形骨骼，但实际上它是由15种23块骨骼复杂地组合在一起的。骨骼与骨骼之间的连接处称为“骨缝”，骨缝的下面是附着有许多神经及血管的硬膜。长期养成的不良习惯及压力的积累，会使骨缝产生稍稍的偏移，其下面的神经及血管被压迫而不能发挥正常机能，就会引发皮肤及肌肉的变形等诸多问题。

我们在日常生活中，饮食、说话、微笑、哭泣等各种各样的动作都需要动用到脸部的肌肉。仅靠平时的脸部动作会使脸部的一些肌肉逐渐衰弱，让这些肌肉可以运动起来是非常难的事情。所以，要依靠手的外力对肌肉给予刺激，让肌肉进行活动从而变得紧绷，这便是“塑脸体操”的效果。

每天坚持进行塑脸体操不仅可以改善脑脊液的流动，而且还可以矫正骨缝的偏移。

矫正的要点是颅骨的部位及名称，请尝试对照插图在自己的头上进行确认。

构成颅骨的主要骨骼

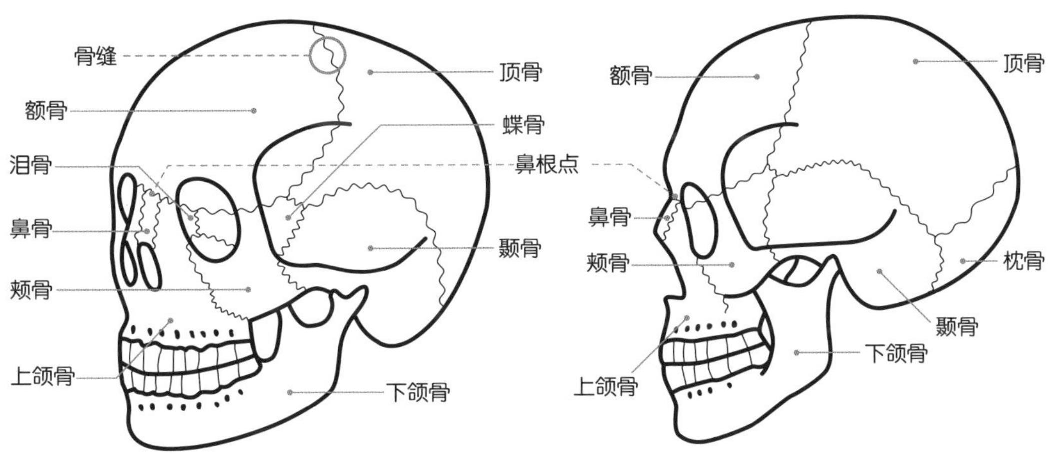

从根本上矫正变形

好不容易修复的变形，如果不从根本上进行矫正，
脸部还会回复到原来变形的状态。弄清其根本原因，有效杜绝变形。

A. 引发“脸部变形”、全身变形的原因

骨骼变形作为诱因会引发脸部的变形，也是产生美容方面问题（美容障碍）的原因，这一点我们在前文中已经提到过了（参见第8页）。那么，使全身骨骼变形的原因究竟是什么呢？

最大的原因就是我们每天生活中不经意的一些毛病和习惯。首先让我们找到变形的原因，重新审视我们的日常生活习惯吧！

B. 尽量避免“将重心偏向身体的一侧”

你是不是会进行诸如网球或羽毛球这样只用到一只手的运动呢？或者每天只用习惯的那只手提重物走路等等。无论你是其中的哪一种人，恐怕你的身体都已经变形了。

此外，经常用一侧牙齿咀嚼食物，或者坐下时总是习惯性的用同一只脚放在另一只脚上交叉侧坐，并且通常都会把脚伸向同一个方向，这样的日常动作都会成为造成变形的原因。

要想改变所谓“习惯手”和“习惯脚”是非常困难的。但是，在运动中只运用一只手的情况下，在日常生活当中尽量使用另外一只手，这样就可以保持左右手的平衡，这一点只要你留心注意就一定可以做到。

拿行李或者包的时候要左右手换着拿，吃东西的时候要有意识地多使用不怎么习惯的一边咀嚼……这些如果可以做到，变形就会慢慢回复，而且还可以防止新的变形发生。

仔细观察每个人走路和站立的姿势，你会发现几乎所有人的重心都是向一侧倾斜的。

如果鞋后跟的磨损状况是左右两侧中偏向一方的话，那么这就是身体倾斜的证据。你是不是注意到自己总是将身体的重量都放在一只脚上呢？这样的站姿也会促使身体变形。

C. 正确的姿势是预防变形的第一步

预防变形，拥有健康身体的根本就是要保持“正确的姿势”。脚尖和膝盖要保持向前，呈笔直的状态。这一点无论是在站着的时候还是坐着的时候都同样重要。为了不让脚扭曲，重心偏向身体的一侧，因此两侧的膝盖保持一致是最为重要的。

走路时也是如此，不要“内八字”或“外八字”，如果想要以一条直线为中心走路的话，那么走路时一定要让脚尖向前。

为了矫正“变形”的走路姿势，要尽量避免穿很高的高跟鞋，高度最好控制在2.5厘米以内。还有很重要的一点，就是不要选择鞋头很尖的鞋子。

D. 造成变形和肌肤问题的原因还有“压力”

日常生活中一点点毛病及习惯就会造成骨骼及脸部的变形，这一点大家已经很清楚了。其实，还有另外一个引发脸部变形的重大原因，那就是众多现代人都无法避免的“压力”。

脸部的形状不仅仅与骨骼有关，而且还与骨骼上的肌肉密切相关，这一点正如书中介绍的一样。这些肌肉是由布满在颅骨上的各种各样的神经所控制，压力不断积蓄的话就会导致这些神经的机能低下。

脑神经、控制食物咀嚼的三叉神经、控制脸部表情的颜面神经等，这些影响脸部表情的神经机能低下，脸部就会呈现出松弛及变形等问题，甚至还会引发颌关节症及颜面神经痛等疾病，请不要忽视这一点。

E. 脸部明确说出了身体所有的控诉

除了精神压力以外，睡眠不足、营养失衡、紫外线及办公室的空调等，也会给肌肤带来各种各样的伤害。

皮肤具有保护肌肤内部抵御外来刺激的屏蔽机能，以及防止肌肤内部水分流失的防御机能，但是，在遭受伤害后，这些机能会变得低下，容易出现干燥及皱纹，以及由于细菌侵入而引发一些炎症。

此外，新陈代谢恶化会使旧的角质不易脱落，造成堆积，这就是暗沉的形成原因。而且，污垢堆积在毛孔会造成痤疮、粉刺等各种皮肤疾病……这样就会陷入美容问题的恶性循环当中。

“眼睛是心灵之窗”，其实脸部整体就是“心灵与身体之窗”。压力、疲劳以及内脏疾病等所有身体的控诉都会在脸上显现出来。如果反观内里，其实对于脸部变形的调整也是和全身机能的恢复密切相关的。

变形的种种原因

一点点的不良习惯及行为就会招致脸部及身体的变形。请重新审视一下自己的生活。

单手托着下巴

想事情或看电视的时候，是否会发现自己是这个姿势呢?

脚和手臂交叉站立

在等人和等车的时候经常可以看到。是不是已经成了一种习惯了呢?

侧卧着看电视或读书

在家里十分放松的时候有没有过这样的经历呢?

随时随地进行塑脸体操

最后介绍一下应对“清晨问题”及“脚部变形”的秘密武器。
让全身无论何时都感觉不到变形。

Q 早上起床后，脸部尽是浮肿越化越糟，无论怎样化妆也不能让人满意，十分困扰！能否教我一种在时间紧张的早晨能够立竿见影的体操呢！

A 即便在时间紧张的早晨也可以进行，只需30秒。对脸部肌肉给予刺激，促进血液循环，一整天都保持美丽。

夏天的紫外线、冬天干燥的空气等都会使肌肤干燥，新陈代谢恶化，肌理变得杂乱，使化妆效果变差。此外，起床之后无论是谁的脸部多多少少都会有些肿，这是由于睡觉时肌肉活动减少，血液流通不畅造成的。

这一体操在刺激脸部肌肉的同时，嘴的张合还可以促进血液循环，消除脸部浮肿，使脸色变得明亮。当然，化妆的效果也就一目了然了。保证使你的脸一整天都会觉得轻松舒畅。

而且，在傍晚时分如果感觉工作疲劳的话，在公司也可以进行，只需30秒。这也是不让疲劳在脸上留到第二天的秘诀。

无论何时何地，照镜子的时候只要感觉“唉！脸看起来好累啊……”，就来进行一下这个塑脸体操，让自己放松一下吧！

步骤 1

双手放在左右两侧眼角处，并将眼角拉拽到太阳穴，像狐狸眼一样。保持这种姿势并让嘴张合10次。

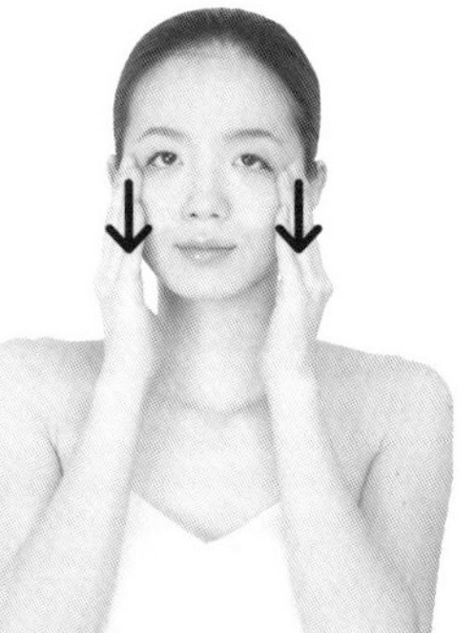

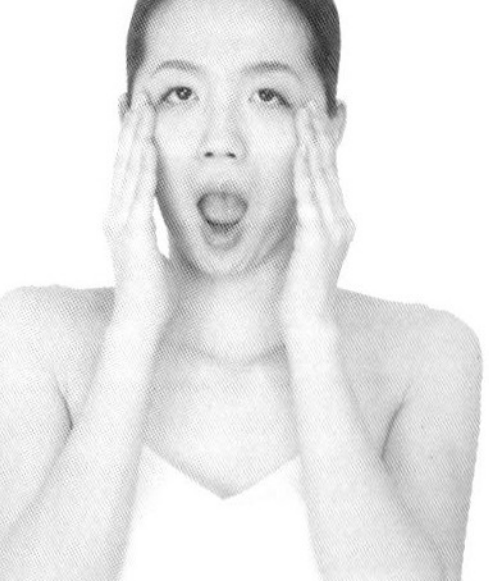

步骤 2

将眼角用力下拉，尽力让眼角下垂。保持这种姿势并让嘴张合10次。

穿凉鞋或高跟鞋时脚发生变形！有矫正的方法吗？

脚部变形是“万恶之源”。脚的矫正也就是全身的矫正，这就是变成美女的捷径。

每天进行保养时，会不知不觉将注意力全部倾注到了脸上。脚部神经与血管密集，脚出了毛病，将影响全身的各项机能。让我们再花一点时间对它进行一下探究吧。这项附加体操不仅可以使脚踝紧绷，而且还会提高塑脸体操的效果。

脸部变形的原因也隐藏在脚部的变形当中。可能你会感到有些意外，但如果是O形脚或内八字，身体自然而然也就会发生变形。脚部如果变形，骨盆、脊椎乃至全身就会发生变形，如果放任其不管，就会通过连接全身的肌肉从而影响到脸部。矫正脚部变形，让我们向完美丽人进发吧！

DVD 课程 38

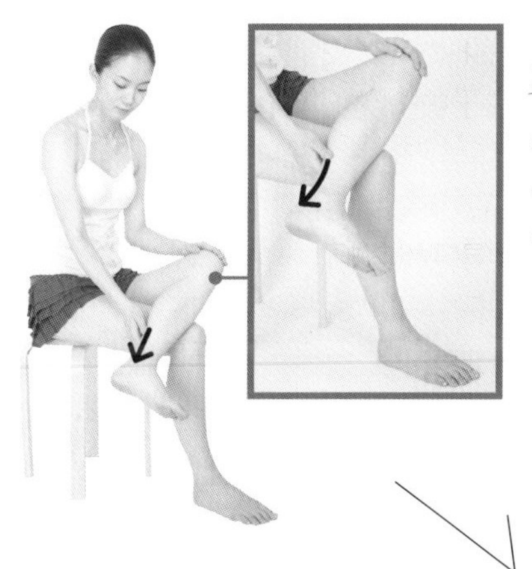

步骤 1

坐在椅子上，将左脚放在右脚的膝盖上（跷二郎腿），用右手的大拇指及食指掐住左脚脚筋，并向脚后跟处滑动。

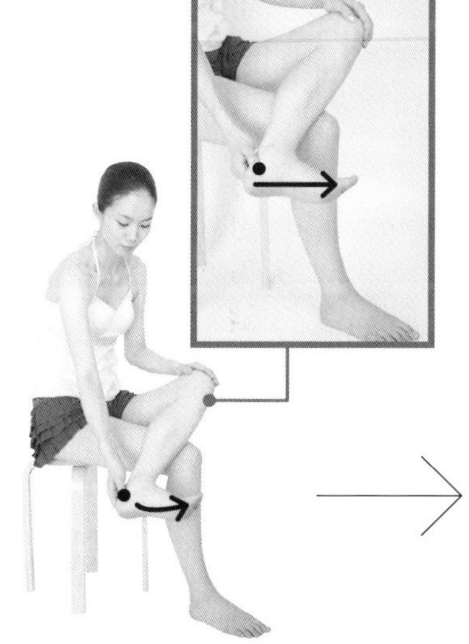

步骤 2

手停止在脚后跟上，稍稍用力将脚后跟向下拉，同时脚尖向上弯。

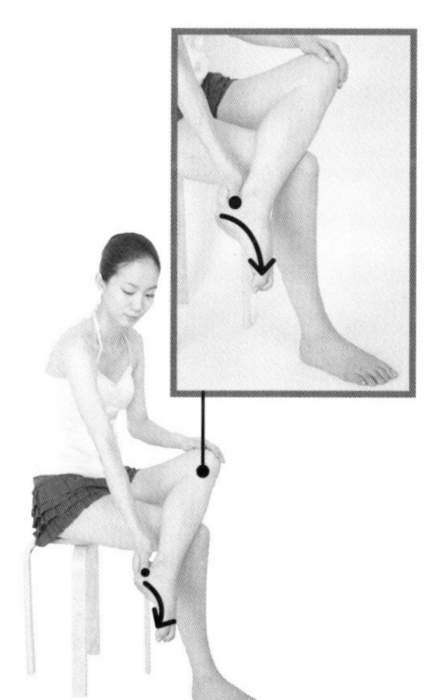

步骤 3

然后，将脚尖绷直，保持这个状态5秒。另一侧脚也同样进行。左右脚交替重复第1～3步，共进行3次。

图书在版编目（CIP）数据

胜山氏小脸美肌法/（日）主妇与生活社编著；赵焜译.—沈阳：辽宁科学技术出版社，2011.6
ISBN 978-7-5381-6930-0

Ⅰ.①胜… Ⅱ.①主…②赵… Ⅲ.①美容-按摩 Ⅳ.①TS974.1

中国版本图书馆CIP数据核字（2011）第067949号

策划制作：北京书锦缘咨询有限公司(www.booklink.com.cn)
总 策 划：陈　庆
策　　划：李　伟
版式设计：刘敬利
装帧设计：周　军

出版发行：辽宁科学技术出版社
（地址：沈阳市和平区十一纬路 29 号　邮编：110003）
印 刷 者：北京瑞禾彩色印刷有限公司
经 销 者：各地新华书店
幅面尺寸：172mm×242mm
印　　张：4.5
字　　数：23千字
出版时间：2011年6月第1版
印刷时间：2011年6月第1次印刷
责任编辑：卢山秀　谨　严
责任校对：合　力

书　　号：ISBN 978-7-5381-6930-0
定　　价：29.80元

联系电话：024-23284376
邮购热线：024-23284502
E-mail：lnkjc@126.com
http：//www.lnkj.com.cn
本书网址：www.lnkj.cn/uri.sh/6930